HOW&WHY

美国经典少儿百科知识全书

神奇的动物世界

美国世界图书出版公司 ——— 著

柯易晖　房庚雨 ——— 译

江苏凤凰科学技术出版社 · 南京

CHILDCRAFT

江苏省版权局著作权合同登记 图字：10-2024-4 号

图书在版编目（CIP）数据

神奇的动物世界 / 美国世界图书出版公司著 ； 柯易晖，房庚雨译 . -- 南京 ： 江苏凤凰科学技术出版社，2025. 1. -- (HOW&WHY 美国经典少儿百科知识全书).
ISBN 978-7-5713-4837-3

Ⅰ. Q95-49

中国国家版本馆 CIP 数据核字第 20249EM281 号

神奇的动物世界

著　　者	美国世界图书出版公司
译　　者	柯易晖　房庚雨
审　　校	胡　晗
责任编辑	沙玲玲　张　润　陈　英
责任设计	蒋佳佳
责任校对	仲　敏
责任监制	刘文洋
出版发行	江苏凤凰科学技术出版社
出版社地址	南京市湖南路 1 号 A 楼，邮编：210009
出版社网址	http://www.pspress.cn
印　　刷	南京新世纪联盟印务有限公司
开　　本	718 mm × 1 000 mm　1/16
印　　张	12
字　　数	150 000
版　　次	2025 年 1 月第 1 版
印　　次	2025 年 1 月第 1 次印刷
标准书号	ISBN 978-7-5713-4837-3
定　　价	35.00 元

图书如有印装质量问题，可随时向我社印务部调换。

目录

写在前面的话

你知道为什么蝙蝠是我们的朋友吗？你知道鲸鱼和鱼，蛙和蟾蜍的区别吗？

在这本书中，你将找到这些问题的答案以及更多丰富的内容。你会了解不同种类的动物，知道它们住在哪儿、吃什么以及它们有趣的行为。你还会读到有关濒危动物的内容，并了解你可以怎样帮助拯救它们。同时，你还会了解到一些与动物有关的工作。

本书有一些特色栏目来帮助你更好地阅读。你会在标有“知识小百科”的知识框中找到有趣的小知识，你可以用这些知识惊呆你的小伙伴们！

本书还介绍了你可以在家里进行的许多活动。寻找“试一试”这个词，它后面的内容提供了更进一步了解动物的方法。例如，你可以建造一个蝙蝠小屋或设计一个属于你自己的水族箱。

在阅读本书时，你会发现有些词以粗体字显示，**就像这样**。这些词可能对你来说是从未听说过的新词，你可以在书后的词汇表中找到这些词的解释。

世界各地都分布着神奇的动物。这里有一些十分奇特的动物，你在后面的内容中会与它们一一相遇。地图上显示了你可以在哪里找到这些神奇的动物（不过，下面列出的地点不是它们的唯一分布地）。如果你想了解更多信息，请往下翻页吧！

北冰洋

太平洋

大西洋

北美洲

白头海雕，第11、50页
河狸，第35、41页
黑颈䴙（pì）䴘（tī），第64页
帝王蝶，第128、129、149页
吸蜜蜂鸟，第144页
伊比利亚山蛙，第145页
鲑鱼，第161页

南美洲

大食蚁兽，第13页
小食蚁兽，第21页
蝙蝠，第43页
凤尾绿咬鹃，第57页
石龙子，第77页
箭毒蛙，第85页
蚓螈，第89页
绒毛蜘蛛猴，第166页

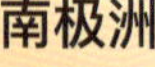

南极洲

企鹅，第16、57页
象海豹，第46页
抹香鲸，第49页
信天翁，第56页
蓝鲸，第144页

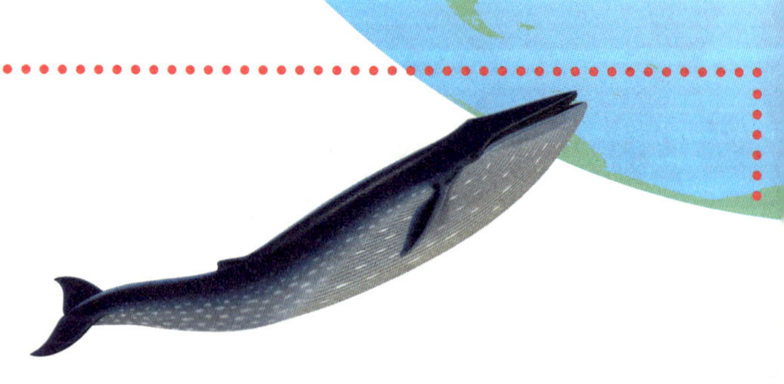

欧洲

绿蟾蜍，第66页
玻璃蛇，第76页
园蛛，第139页

亚洲

大熊猫，第20、179页
海马，第25、90、98页
孔雀，第50页
星龟，第72页
猪鼻蝠，第144页
穿山甲，第147页
中亚眼镜蛇，第166页

大洋洲

袋鼠，第10、36、37页
鸭嘴兽，第35页
黑天鹅，第64页
玳瑁，第73页
大白鲨，第104页
澳洲伞蜥，第149页
缎蓝园丁鸟，第153页

非洲

骆驼，第17页
长颈鹿，第34页
狮子，第38、39页
黑猩猩，第40页
灰冠鹤，第57页
鳄鱼，第80、81页
牛椋鸟，第156页
黑犀牛，第156、166页

深海

鮟鱇鱼，第97页
吞噬鳗，第106、107页

什么是动物？

仔细观察本页的两对生物，你能分辨出哪个是动物，哪个是植物吗？仅仅通过外观分辨并不可行，因为有些植物看起来像动物，而有些动物看起来像植物。

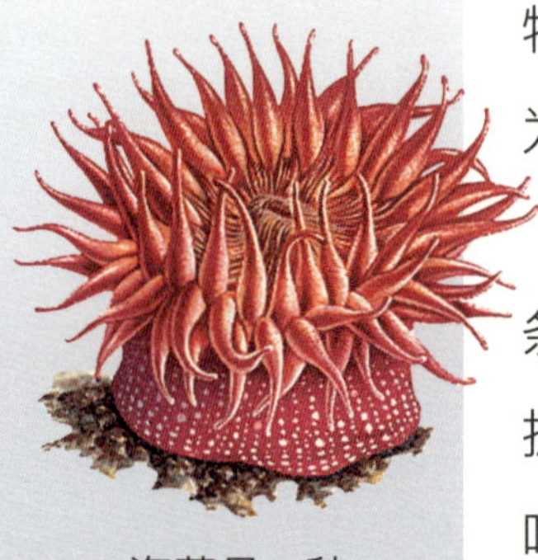

海葵是一种动物。

海葵看起来就像一朵花，但它并不是植物。当一条鱼从海葵旁边游过并碰到它的“花瓣”时，鱼就被抓住了。“花”的中间居然张开了一个小嘴，把鱼给吃掉了！

植物不像动物那样吃东西。大多数绿色植物在阳光、空气和水的帮助下能够自己制造食物。但动物没法自己制造食物，所以它们必须吃植物或者其他动物。

大丽花是一种植物。

海葵在海底沙石上缓慢滑行。植物能随意移动吗？答案是否定的。在绝大部分情况下，一旦植物生根发芽，它就会待在同一个地方，但大多数动物可以自己四处走动。如果一个生物能够四处走动并且进食，那它就是动物。

长得像植物的海百合是一种动物。

长得像羽毛的荚果蕨是一种植物。

猫和银柳都是毛茸茸的，但猫是一种动物，而银柳是一种植物。

动物会移动

猫在跳跃。

动物可以用许多不同的方式移动。它们可能会摇摇摆摆地走、游泳、俯冲甚至跳跃。有些动物会蠕动或奔跑。

蛤蜊只有一只“脚”，用来在泥土或沙子中挖掘。企鹅用两条腿走路，狗用四条腿行走或者奔跑，瓢虫用六条腿走路，蜘蛛用八条腿走路，蜈蚣用几十对腿走路，而有些千足虫的腿甚至比蜈蚣还多！蛇和蚯蚓完全没有腿，但它们能蠕动。蝙蝠以及大多数**鸟类**和**昆虫**都能在空中飞行。鱼在水里游动。

袋鼠蹦蹦跳跳。

有些动物通常只有在小时候才会移动。幼小的藤壶、海绵和牡蛎会在水中游动，直到找到一个合适的地方安家。然后，它们就固定在那个地方，通常不会再移动。

动物能以某种方式移动。如果有种生物能自己移动，那么它很可能就是一种动物。

蛇在地面上蠕动。

白头海雕展翅起飞。

猎豹在奔跑。

知识小百科

动物能够飞行、游泳、奔跑、爬行，它们的速度有多快呢？

- 空中最快的动物是游隼，速度约为每小时320千米。大多数蝴蝶的飞行速度约为每小时8千米。
- 水中最快的动物是旗鱼，速度约为每小时105千米。金鱼的游动速度约为每小时8千米。
- 陆地上最快的动物是猎豹，速度约为每小时112千米。有些乌龟只能以每小时0.16千米的速度缓慢爬行。
- 与某些动物相比，人类的速度慢得多。一个健康的成年人的奔跑速度约为每小时32千米，游泳速度约为每小时8千米，而且能持续游的时间还不长！

动物会进食

所有植物和所有动物都需要食物。大多数植物利用阳光、水、土壤及空气中的物质自己制造食物，但动物无法自己制造食物，它们必须通过吃植物或其他动物才能生存。

不同种类的动物以不同的方式进食。变色龙会伸出它黏糊糊的舌头捕捉昆虫。胡兀鹫用它锋利的爪子和钩状的喙撕裂食物。

蝴蝶有一个像吸管一样的口器，叫作喙。蝴蝶在不饿时会把喙卷起来，饿了就会展开喙，将其插入花朵中，吸取甜甜的**花蜜**。

大食蚁兽

地松鼠有坚固的牙齿，可以咬开坚果和种子。它把食物装在腮帮子里带回家，并储存起来。

须鲸会把充满了微小生物的海水吸进嘴里，然后再让海水从嘴里流出来，最后吞下留在嘴里的微小生物。

浣熊

眼镜王蛇

知识小百科

动物可以根据它们所吃的食物，被分成不同的类别。有些动物只吃植物，它们被称为植食性动物，包括牛、羊等。只吃其他动物的动物被称为肉食性动物，包括狮子、蛇等。同时吃植物和动物的动物被称为杂食性动物，包括熊、浣熊、猪、松鼠和人类等。你认为只吃昆虫的动物叫什么？它们叫食虫性动物。食蚁兽和穿山甲都是食虫性动物。

金背地松鼠

动物会生宝宝

生物会繁殖出与自己相似的新生命，即它们会生出后代。每一种动物都是被与自己相似的成年动物生出来的。小企鹅是大企鹅生出来的，小马驹是大马生出来的，小甲虫是大甲虫生出来的。

不同动物的宝宝的出生方式各不相同。

有些动物的宝宝是直接从母亲的身体里生出来的。马是这样出生的，猫、猴子、鲸鱼也是这样出生的，我们人类也是。

有些宝宝是从母亲产下的卵中孵化出来的。企鹅是这样出生的，鸡、许多甲虫也是。

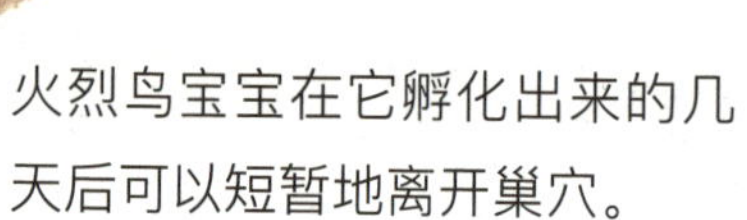

火烈鸟宝宝在它孵化出来的几天后可以短暂地离开巢穴。

试一试

你能根据下面形容各种动物宝宝的字或词，猜出它们是什么动物吗？

1. 羔
2. 犊
3. 驹
4. 蝌蚪
5. 娃
6. 雏
7. 毛毛虫

a. 人
b. 鸡
c. 蛙或蟾蜍
d. 马
e. 牛
f. 羊
g. 蝴蝶

答案见第 187 页。

蝗虫宝宝是从蝗虫妈妈产在地里的卵里孵出来的。

很多动物在孩子出生后不会照顾它们。例如，一些蛙、蟾蜍以及许多种鱼在产卵之后，会让孩子自生自灭。

很多动物会和它们的孩了在一起待很长时间。许多鸟类会教它们的孩子飞行，许多**哺乳动物**会教它们的幼崽捕食。

有些动物宝宝看起来和它们的父母很像，有些看起来则很不一样，但每个动物宝宝最终都会长成和它们父母相似的动物。

象宝宝会一直跟着它的妈妈，直到它长大。

企鹅宝宝长大后会和它的父母长得很像。

大多数北极熊幼崽在出生后的头两年都和妈妈一起生活。

动物会长大

树的种子在地里生根发芽，长出叶子——这些都是它们自己完成的。植物可以自己照顾自己。与植物不同的是，许多动物必须教会它们的孩子如何独立生存。

每个动物宝宝都会长大并会像父母那样生活。它的外观、行为和声音都与它的同类相似，而与其他动物不同。

小狮子先学会走路，然后学会奔跑。它学会吃肉，学会低吼和咆哮，还学会捕食其他动物。

小蜘蛛长大后会做它的父母做的所有事情。它会爬行，并织出黏黏的网来捕食昆虫。

小鹦鹉会学习如何飞上蓝天。它知道如何用喙咬开坚果和种子，还会像其他鹦鹉一样尖叫和低鸣。

每种动物都会学着像同类那样生活。每种动物都会做它必须做的事情以生存下去。这就是动物世界的法则。

骆驼妈妈会照顾小骆驼，直到它能够照顾自己。

动物和植物

动物和植物是不同的，但它们若失去对方，彼此都将无法生存。植物能从阳光中获得能量，制造根、茎、叶、花和果实。动物吃植物，也吃其他吃植物的动物。当动物死去时，它们的身体会分解，把养分（或者说是食物）带回土壤中供植物使用。

动物吸入空气，并在呼出时将一种叫作二氧化碳的气体排到空气中。植物从空气中获取二氧化碳，通过光合作用制造食物，还会释放氧气。这样，植物得到了它们需要的二氧化碳，动物则得到了新鲜空气。

一只鹿鼠在落叶间嗅来嗅去，寻觅可以吃的绿色植物。

昆虫可以从一朵花飞到另一朵花上面，来帮助植物传播**花粉**。植物利用花粉长出果实，形成种子。其他动物吃果实，并通过排便来帮助传播种子。因此，动物也能够帮助新的植物生长。

一只飞蛾给一朵花授粉。

知识小百科

当一片森林被砍伐时，你觉得对**栖息地**里的动物会造成什么影响？许多动物只能搬家，否则就得面对死亡。如果条件允许，你可以在院子里种植树木和鲜花，为动物提供食物和温馨的家。

大熊猫每天都要吃很多竹子。

动物生活在不同的栖息地中

有些熊喜欢吃鱼和浆果，所以它们住在森林中的溪流附近。大熊猫喜欢吃竹子，所以它们生活在中国——一个盛产竹子的地方。每种动物都必须生

蚯蚓、蜗牛和蝾螈等动物在阴暗、潮湿的地方生活。

小食蚁兽在它的栖息地内爬树。

活在能找到自己所需食物的地方。

动物生活的地方叫作栖息地。每种栖息地都很特别，例如，极地严寒，沙漠干旱。然而，生活在每种栖息地中的动物都能找到它们赖以生存的东西。

试一试

它们生活在哪里?

有时，动物会从一个栖息地**迁徙**到另一个栖息地，但它们通常会有自己最喜欢的某个栖息地。你知道以下每种动物最喜欢在哪里生活吗？将每种动物与它们最喜欢的栖息地配对。提示：有些动物喜欢的栖息地是相同的！

1 美洲狮

2 斑马

3 骆驼

4 棕熊

5 树蚺

6 缨鳃虫

7 虎鲸

8 企鹅

a. 沙漠

b. 山地

c. 温带森林

d. 海洋

e. 极地

f. 草原

g. 热带森林

答案见第 187 页。

动物的分类

科学家们将动物进行分类，以便更好地研究它们。每一类动物都具有一个或者多个重要特征。动物主要可以分为以下几大类。

哺乳动物是**温血动物**。这意味着它们的身体温度几乎不会有太大的变化。这些动物幼年时喝母乳，用肺呼吸，身上有毛发。人类也属于这一类动物。

蛇和蜥蜴等**爬行动物**是**冷血动物**。它们的体温随周围环境温度的变化而变化。这些动物身体表面有鳞片或骨板，用肺呼吸，通常生活在陆地上。

两栖动物有骨骼，幼体可以用**鳃**呼吸。蛙等两栖动物出生在水中，但成年后可以在陆地上生活。

鸟类从带有硬壳的卵里孵化而来，成年后身上长有羽毛。

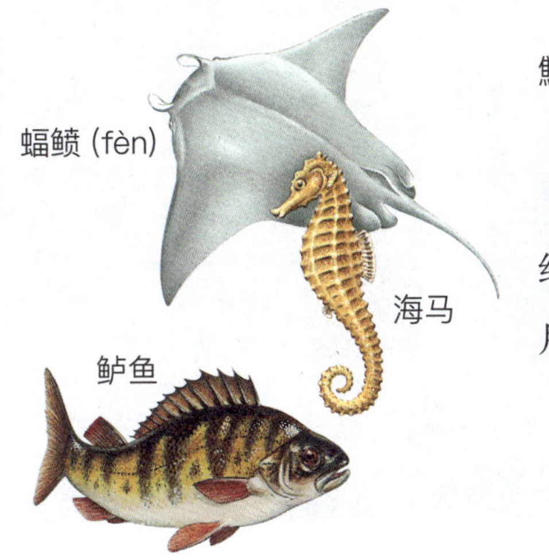

鱼类有脊椎。它们中的绝大部分生活在水中，有鳞片和鱼鳍，用鳃呼吸。

节肢动物通常有三对或更多对分节的腿，具有坚硬的外壳。节肢动物包括龙虾和昆虫。昆虫是物种数量最多的动物类群。

龙虾

蜘蛛

甲虫

蜗牛

章鱼

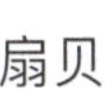

扇贝

软体动物身体柔软，没有内骨骼。大多数软体动物有坚硬的外壳保护身体，但也有些软体动物连外壳都没有。章鱼就是一种没有外壳的软体动物。

养宠物是一件非常有趣的事，同时也是一个巨大的责任。

动物可以成为你的朋友

当你想到宠物时，你会想到什么？很多人会想到狗、猫、鸟、仓鼠或鱼。有些人会想到蛇、昆虫、猴子、猪甚至羊驼。还有一些人会想到捕鸟蛛或鬣（liè）蜥。

全世界的人都喜欢把动物当作宠物。在一些国家，人们会把甲虫和蟋蟀当作宠物。鹦鹉等鸟类是澳大利亚的热门宠物。许多国家的人在家里的水族箱里养鱼当宠物。在美国，有些人甚至把猪当作宠物。

什么样的宠物适合你？和小猫小狗一起玩会很有趣。鸟和鱼的观赏性很高。猫、鱼和蛇是比较安静的宠物。狗和鸟可能很吵，但它们通常可以听懂指令，表演一些小把戏。如果你想要一只不同寻常的宠物，刺猬、热带鱼或仓鼠怎么样？

养一只新宠物既有趣又令人兴奋。但请记住，你的宠物可能会在它活着的期间一直陪伴着你，你对宠物的责任也一直伴随着你！所以请确保你和你的宠物能够成为最好的伙伴。

仓鼠和大型宠物一样都需要运动。

选择合适的宠物

选择宠物时，你需要选你能满足它余生需求的那种。下面的问题清单能够帮助你选择对你而言较为合适的宠物。

1. 我有一个什么样的家？
2. 谁会在家照顾我的宠物？
3. 我的宠物需要什么样的食物？
4. 我的宠物需要多少运动？
5. 宠物需要训练吗？由谁来训练它？
6. 我需要为我的宠物购买哪些用品？

公寓非常适合放置养鱼的水族箱或者养鸟的笼子，但大型犬和小马则需要更多的空间。

小马

如果家里没人，小狗或小猫整天待在笼子里会不高兴的，但仓鼠不会介意！

金鱼

宠物店出售专门为某些动物（如狗和鱼）制作的食物。有些宠物，比如蛇，则需要吃像小鼠这样的活食。

仓鼠

仓鼠在笼子里的跑轮上跑跑就足够了，但有些狗每天需要大约一小时的户外运动。

教会宠物做一些小把戏很有趣，但训练的过程相当艰辛。小狗和小猫必须接受不在家里乱排便的训练，主人还必须教会小狗不要乱跳或咬人。

鹦鹉

不同的宠物需要的东西不同。常见的用品包括笼子、窝、水族箱、项圈和牵引绳、猫抓板、食盘、玩具等。在将宠物带回家之前，请购买好宠物所需的一切。

乌龟

我说，我述，我讲

作者：阿诺德·L. 夏皮罗

猫咪呼噜。
狮子低吼。
猫头鹰叫。
大熊打鼾。
蟋蟀唧唧。
老鼠吱吱。
羊儿咩咩。
但我能说话！
猴子吱吱。
牛儿哞哞。
鸭子嘎嘎。
鸽子咕咕。
猪儿哼哼。
马儿嘶嘶。
鸡儿咯咯。
但我能说复杂的话！
苍蝇嗡嗡。
狗儿汪汪。
蝙蝠尖叫。
郊狼嚎叫。
青蛙呱呱。
鹦鹉喳喳。
蜜蜂嗡嗡。
但我能说优美的话！

遇见
哺乳动物

人类和猫有什么共同之处？它们都有毛发或胡须！

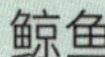

北极熊和骆驼有什么共同之处？无论外面多冷或多热，它们的身体都保持恒定的温度。

犰（qiú）狳（yú）

美洲狮

所有这些动物彼此之间有什么共同之处？它们都是哺乳动物！如果动物在幼年时喝母乳、有毛发并且是温血动物，那么它就是哺乳动物。值得一提的是，鲸鱼也是哺乳动物。

猴子

海豹幼崽

哺乳动物的宝宝

海豚吃鱼，鹿吃树叶，蝙蝠吃蛾子，猫吃老鼠，老鼠吃它们能找到的大多数东西。但是当这些动物还是宝宝时，它们都吃同样的东西——妈妈的乳汁。在长大之前，许多哺乳动物的幼崽都不需要其他食物。

长颈鹿宝宝刚出生一个小时后就能站立。

大多数哺乳动物的幼崽在出生前都生活在妈妈的体内，从妈妈的身体里获取食物。当它长到足够大时，它就会离开妈妈的身体。

许多哺乳动物的幼崽在很长一段时间内都很弱小，比如刚出生的老鼠、猫、狗和人虚弱得腿都难以站立。有些哺乳动物的幼崽比较强壮，比如驼鹿的幼崽只需几天就能走路，而羚羊在出生不久后就能站立和跑动。

知识小百科

存在会产卵的哺乳动物吗？鸭嘴兽就是这样一种动物，它们会像鸟一样产卵。但是，像所有其他哺乳动物一样，鸭嘴兽妈妈会用乳汁喂养幼崽。图中鸭嘴兽的吻部看起来就像鸭子的喙，它生活在澳大利亚的溪流沿岸。

河狸宝宝刚出生时就有着柔软蓬松的皮毛。

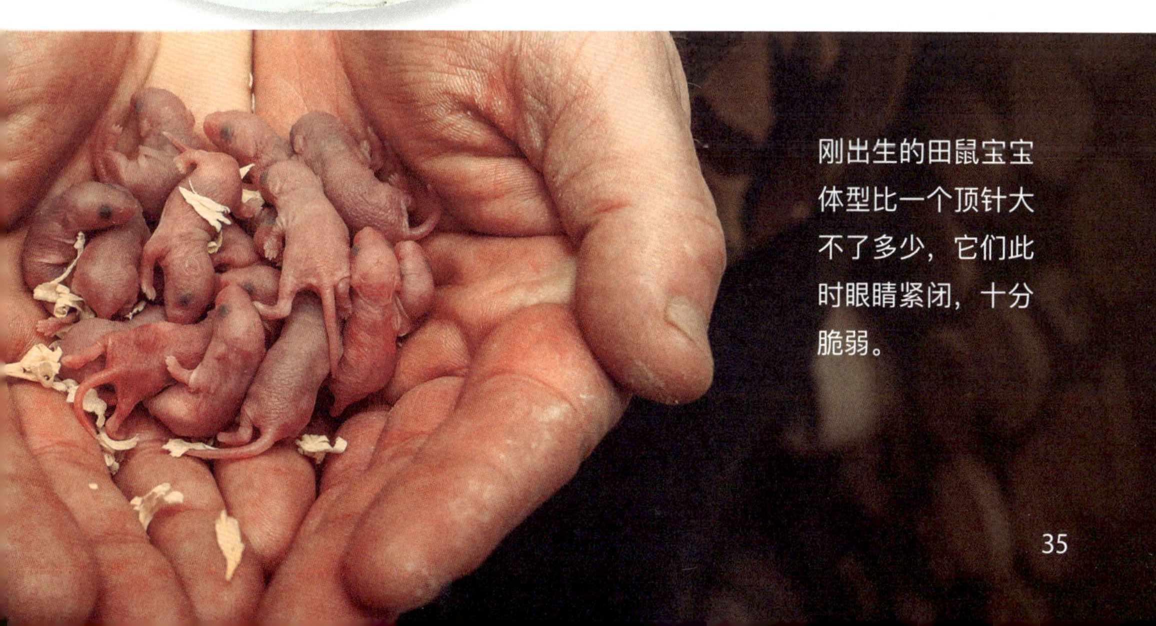

刚出生的田鼠宝宝体型比一个顶针大不了多少，它们此时眼睛紧闭，十分脆弱。

刚出生的袋鼠

育儿袋里的宝宝

刚出生的袋鼠比成年人的拇指还小，刚出生的考拉也非常小，而刚出生的负鼠还要更小——甚至还没有蜜蜂大。

如何保证这些小宝宝的生命安全？它们出生后，会在妈妈的育儿袋里度过数月。它们甚至不会探出头来向外张望，只是默默地一边喝奶一边长大。

在妈妈育儿袋里的袋鼠

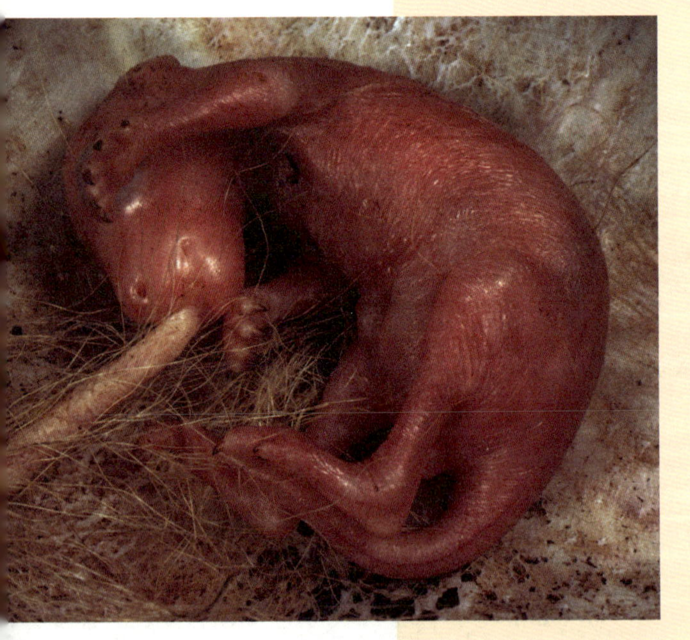

然后，它们会在育儿袋外生活一段时间。但若是有东西吓到它们，它们就会马上跳回妈妈的育儿袋。

即使宝宝们离开了育儿袋，它们也会一直跟着妈妈。当负鼠妈妈寻找食物时，负

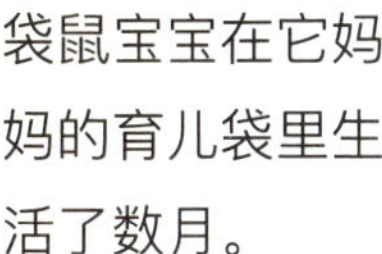
袋鼠宝宝在它妈妈的育儿袋里生活了数月。

鼠宝宝会趴在妈妈的背上。当考拉妈妈在树梢间移动、吃桉树叶时，考拉宝宝也会趴在妈妈的背上。

袋鼠宝宝在大约8个月大时，育儿袋就装不下它了，这时它已经可以在妈妈的身边跳来跳去了。

这些小宝宝刚出生时都很脆弱，但长大后就会长成强壮的家伙。成年的负鼠大约和猫一样大，成年的考拉还要更大一些，而成年的袋鼠几乎和成年人一样高。

哺乳动物吃什么？

妈妈的乳汁是小狮子最好的食物，但之后小狮子就要开始吃肉了。

这些小狮子饿得不行。它们抓住了妈妈的乳头，吮吸着温暖、香甜的乳汁。

小狮子在长大的过程中，上颌和下颌会变得粗壮起来。它的乳牙脱落，长出更坚固、更锋利的恒牙。它学会了咬、撕、啃和嚼。现在，它饿的时候需要的可不是妈妈的乳汁了，它需要肉。

有些哺乳动物的幼崽只跟着妈妈到处走，妈妈吃什么它就吃什么。有些哺乳动物的幼崽需要父母教它们早早学会吃成年动物吃的食物。

比如，小狮子会跟着妈妈一起捕猎，妈妈会让小狮子玩弄它杀死的**猎物**。一旦小狮子尝到了肉的味道，它就会发现自己很喜欢这种食物。

哺乳动物在出生后要喝一段时间的乳汁，但它们很快就学会了吃那些它们父母吃的食物。

羚羊、马、牛、大象和长颈鹿的宝宝长大后会吃植物。狮子、狼和海象的宝宝长大后会吃其他动物。熊的宝宝长大后既吃植物也吃动物。但这些动物的宝宝一开始都得喝妈妈的乳汁。

猫妈妈喂小猫的方式和狮妈妈喂小狮子的方式一样。

当这匹马还是个宝宝的时候，它只能喝妈妈的乳汁。等到它长大了，它就可以吃草和其他植物了。

哺乳动物住哪里？

冬日寒风呼啸，雪花纷纷飘落，地面湿滑，饥饿的动物四处徘徊。哺乳动物究竟要去哪里才能获得温暖和安全呢？

有些生活在水里的哺乳动物不需要“房子”，比如鲸鱼。许多长着蹄子的哺乳动物也不需要，比如加拿大马鹿和驼鹿。

有些哺乳动物只在夜间或生孩子时才会寻找庇护所。例如，大多数猴子晚上在树上睡觉，而大象在要生孩子的时候会寻找一个隐蔽的地方。

但有些哺乳动物会建造“房子”来遮挡阳光、风、雪或避开其他动物。河狸通常在池塘里用树枝搭建“房子”。到了冬天，“房子”顶部就会结冰，这能挡住寒风和其他动物的侵袭，但“房子”的底部不会结冰，河狸可以进出取食。每种动物的“房子”都很适合它们。

更格卢鼠生活在地下巢穴里，这样的“地下室”在炎热的天气里可以保持凉爽。

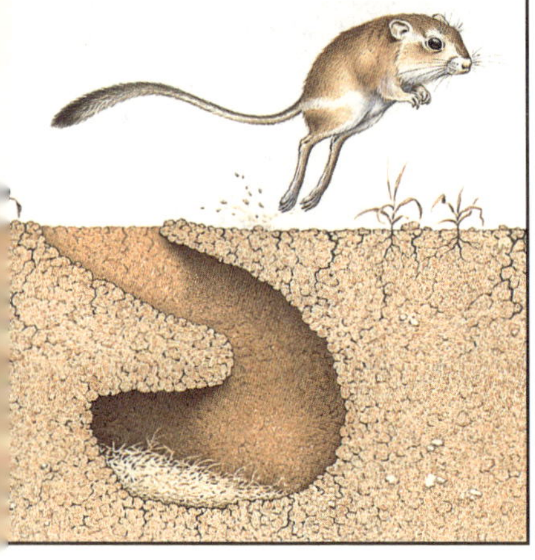

黑猩猩睡在树上用树枝和树叶搭成的巢里。

知识小百科

许多种松鼠有两个家。其中一个巢穴一年四季都可以使用，用大量的树枝和树叶堆成。还有一个是用一堆松散的树枝和树叶做成的夏季巢穴。在最热的日子里，松鼠会在夏季巢穴里乘凉。

河狸通常把家建在池塘里，因为这会方便它们寻找食物。

会飞的哺乳动物

看到那些飞行在暗夜中的黑色身影了吗？它们是否令你毛骨悚然？它们来了！

蝙蝠是唯一会飞的哺乳动物。它们的两只皮膜质的翅膀由手臂和手指上的骨头支撑起来。当蝙蝠休息时，它们的翅膀可以像雨伞一样折叠、收拢。

大多数蝙蝠生活在洞穴中，它们通常形成一个大的群体。但有时它们也生活在树上、谷仓或阁楼里，用脚趾倒挂住自己！

蝙蝠是夜行性动物。它们白天睡觉，晚上出来觅食。它们飞行时通过发出声波在黑夜中找到食物。它们发出的声波接触到物体后会反弹，蝙蝠能够听到回声，从而辨别物体的方位。

蝙蝠是唯一会飞的哺乳动物。

蝙蝠在夜间飞行并寻找昆虫。

知识小百科

飞鼠会飞吗？有一种动物叫作飞鼠（即鼯鼠），但它实际上不是真的会飞。它的身体两侧各有一层皮肤，从前腿延伸到后腿，就像滑翔机的翅膀。这样的“翅膀”能让飞鼠从一根树枝滑翔到另一根树枝上，让它在空中短暂地停留。

大多数蝙蝠吃蛾子和其他昆虫，有些蝙蝠只吃水果，而南美洲著名的吸血蝙蝠则会吸血。吸血蝙蝠能够用牙齿咬破睡梦中的动物的皮肤，然后贪婪地舔食血液。

试一试

建造一个蝙蝠小屋

并非所有蝙蝠都是某些人认为的恐怖“吸血鬼”。事实上，许多蝙蝠是人类的大功臣，它们能够吃掉数百万只真正恐怖的“吸血鬼”——蚊子。一只棕蝠1小时可以吃掉约600只蚊子。

有些人意识到了蝙蝠其实非常有用，因此他们建造了特殊的房子来吸引蝙蝠。在家长的帮助下，你可以在一个下午建造一个简单的蝙蝠小屋。但你必须耐心等待蝙蝠的到来，它们可能需要一两年的时间才能找到这个房子。

你需要：

- 砂纸
- 特定尺寸的木板
- 锤子
- 一些钉子
- 填缝剂
- 深色的油漆
- 油漆刷

怎么做：

1. 让家长帮你将木板切割成正确的尺寸，或者在购买木材的店里切割好。你一共需要7块木板：

   1块19厘米×30厘米的木板，作为蝙蝠小屋的前部；

   1块19厘米×35.5厘米的木板，作为蝙蝠小屋的后部；

   2块14.5厘米×30厘米的木板，作为蝙蝠小屋的侧面；

   1块19厘米×26.5厘米的木板，作为蝙蝠小屋的顶部；

   1块9厘米×19厘米的木板，作为蝙蝠小屋的底部；

   1块19厘米×23厘米的木板，作为蝙蝠小屋的隔板；

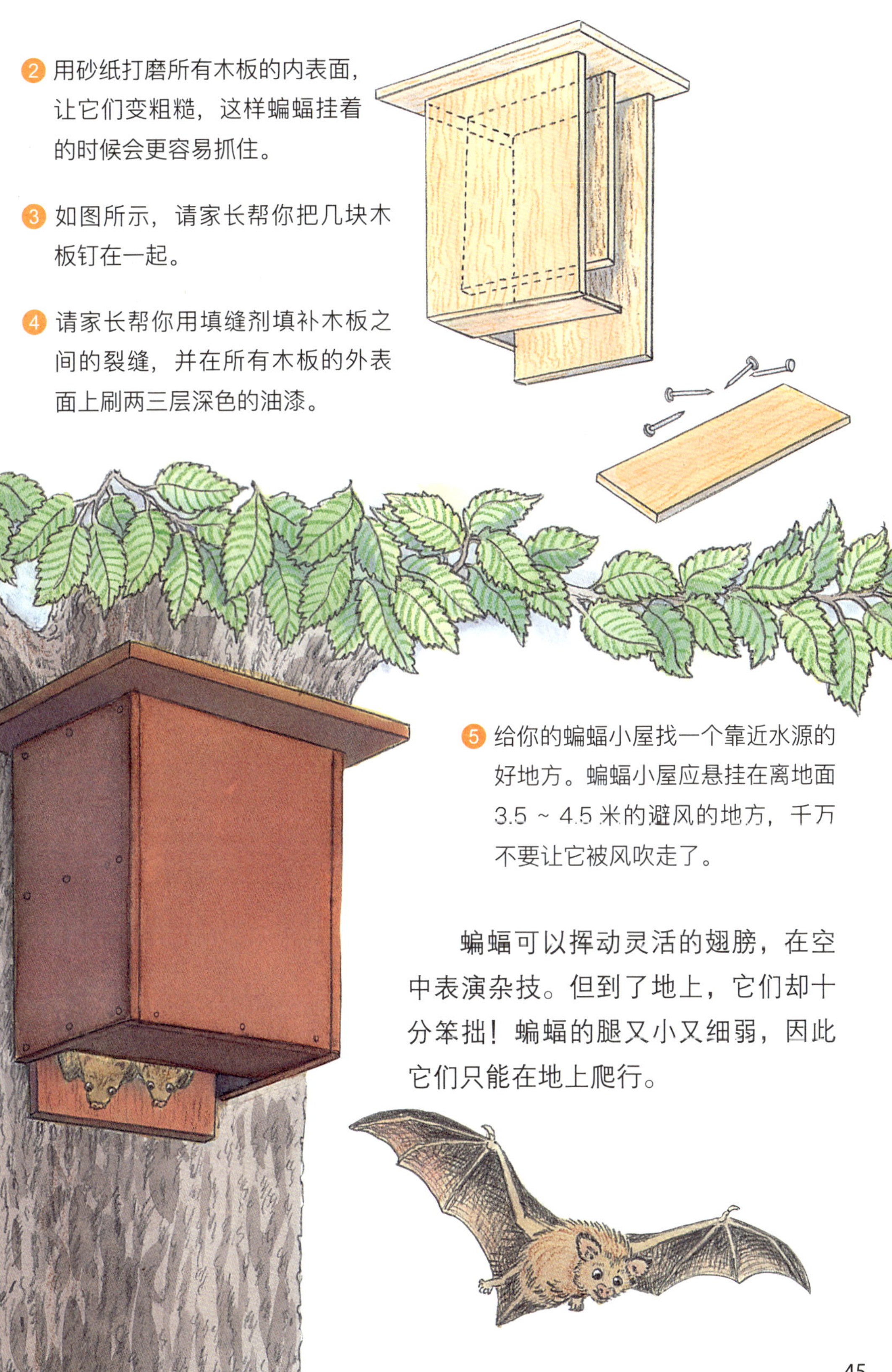

2 用砂纸打磨所有木板的内表面，让它们变粗糙，这样蝙蝠挂着的时候会更容易抓住。

3 如图所示，请家长帮你把几块木板钉在一起。

4 请家长帮你用填缝剂填补木板之间的裂缝，并在所有木板的外表面上刷两三层深色的油漆。

5 给你的蝙蝠小屋找一个靠近水源的好地方。蝙蝠小屋应悬挂在离地面3.5 ~ 4.5 米的避风的地方，千万不要让它被风吹走了。

蝙蝠可以挥动灵活的翅膀，在空中表演杂技。但到了地上，它们却十分笨拙！蝙蝠的腿又小又细弱，因此它们只能在地上爬行。

海洋里的哺乳动物

大多数哺乳动物生活在陆地上，但海豹、鲸鱼和少数其他哺乳动物生活在海里。它们可以在水下待很长一段时间，但它们需要浮出水面用肺来呼吸空气。

鲸鱼看起来和鱼很像，很多人都以为它们是鱼，但其实它们是一类海洋哺乳动物。它们有毛发，是温血动物，它们的宝宝也会喝母乳。海豚和鼠海豚都是小型的鲸鱼。

海豹、海狮和海象是大部分时间在水中、有时在

虎鲸是生活在海洋中的哺乳动物，这头刚刚出生3天的虎鲸宝宝正在喝妈妈的乳汁。

象海豹大部分时间都生活在水中，但它们像其他哺乳动物一样用肺呼吸。

海豚和鼠海豚虽然名字中都带有“海豚”两个字，但它们属于不同的科。那么，要如何区分海豚和鼠海豚呢？海豚通常有尖尖的吻部、锥形牙齿。鼠海豚有钝钝的吻部、扁平的牙齿。此外，鼠海豚的体型通常比海豚小。

海牛

陆地上生活的哺乳动物。当它们上岸时，它们用鳍状肢蹒（pán）跚（shān）而行。

另一类海洋哺乳动物包括儒（rú）艮（gèn）和海牛，它们都是海牛目这个大家族的成员。这些动物看起来有点像没有獠牙的海象，它们没有后肢，而是有一条宽而扁平的尾巴。

最大的哺乳动物

一头座头鲸在水面附近游来游去。它不时地浮出水面，让肺部充满新鲜空气，随后再次潜入水中。座头鲸浮出水面时，呼的一声，通过头顶的气孔将它用过的空气喷出来，然后吸气。

鲸鱼生活在水中，是哺乳动物。它们没有鳃，然而它们有肺。它们必须浮出水面来呼吸新鲜的空气。

蓝鲸是地球上最大的动物！成年的蓝鲸可以长到约30米长！

大鲸鱼吃大东西吗？其实不是所有的鲸鱼都这样。许多鲸鱼的喉咙太小，甚至无法吞下比橙子大的东西！而且，许多鲸鱼没有牙齿。例如，露脊鲸、灰鲸和蓝鲸都是须鲸，它们通过嘴里的

一头露脊鲸和它的幼崽一起游泳。

知识小百科

海洋哺乳动物体型较大，数量较少。它们中的很多都是濒临**灭绝**的动物。海豚常常被困在渔民的渔网中。曾经，人们猎杀鲸鱼和海豹以获取它们的肉、皮和油。如今，只有少数获得许可的人才能猎杀鲸鱼。

数百个薄板从水中过滤食物。这些鲸鱼通常以**浮游生物**为食。

齿鲸包括抹香鲸、白鲸、独角鲸、海豚、鼠海豚以及虎鲸。这些鲸鱼是肉食性动物，它们喜欢的食物包括鱿鱼、螃蟹、龙虾、鲨鱼、鳕鱼和鳐鱼。

抹香鲸是肉食性动物。

孔雀

遇见鸟类

你知道是什么让鸟类与众不同吗？

不是它的翅膀，因为有些别的动物也有翅膀。

蜂鸟

也不是它的喙，因为有些别的动物也有喙。

也不是它的蛋，因为有些别的动物也会下蛋。

更不是它会飞，因为有些鸟并不会飞。

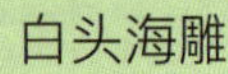

白头海雕

还没猜到答案，你是不是要放弃了？

黄领牡丹鹦鹉

答案是羽毛！所有的鸟类都有羽毛。事实上，鸟类是现存的唯一一类有羽毛的动物。

所以，如果一个动物有羽毛，那么它就是一只鸟！

美洲雕鸮

鸟类的巢

春天到了，有只鸟儿一会儿嘴里叼着一根红绳飞过，一会儿又叼着一根树枝飞过，猜猜它在做什么？它正准备筑巢呢！鸟巢是鸟妈妈下蛋的地方，雏鸟从蛋里孵出后，会一直待在巢里直到长大。

不同种类的鸟筑的巢也不同。许多鸟在树上筑巢，其中有些巢是由树枝层层堆叠而成的，有些则是由泥土和草做成的，形状像一个碗。鸟巢也可以是树干上的洞，也可以是用树枝和草编织成的、悬挂着的袋子。

一只乌鸫（dōng）在树上筑了一个像碗一样的巢。

普通翠鸟在河边筑巢。

棕灶鸟的巢是用泥土和草做成的，看起来就好像是一个土灶。

有些水鸟会在水面上筑巢。它们用杂草和树枝搭建巢，并将巢固定在芦苇上。

有些鸟则根本不筑巢。有些海鸟会把蛋下在悬崖边的石头缝里，有些鸟则把蛋下在地面的洞中，还有些鸟甚至会把蛋下在其他鸟的巢里。

织巢鸟用喙编织出了一个由草和树枝构成的悬挂式鸟巢。

黄鹂在树枝上搭了一个看起来像小口袋的巢。

这只小鸟正在破壳而出。

从鸟蛋到鸟宝宝

鸟宝宝在蛋里蜷缩成一团。它的头和身子差不多大，眼睛还没有睁开，蛋能给予它需要的所有营养。过了一段时间，鸟宝宝已经长得很大，几乎占据了整个蛋，它已经准备好破壳而出了。

鸟宝宝开始在蛋里动来动去，这让蛋壳出现裂缝，且这样的裂缝会越变越大，直到一小块蛋壳破碎，形成开口。没过多久，蛋壳上就出现了一个可以让鸟宝宝从里面出来的大洞。就这样，一个小生命开始了它全新的生活。

这只小鸵鸟从蛋壳里先探出头来。

试一试

快来辨认这是哪些鸟的蛋。

1. 鸡
2. 蜂鸟
3. 鸵鸟

a

b

c

答案见第 187 页。

有些鸟类刚从蛋壳里出来时是很虚弱的。它们眼睛紧闭，身上光秃秃的，还没有羽毛。它们脆弱的双腿还无法让它们站起来，它们需要鸟妈妈的喂养以及提供的温暖。但有些鸟类在孵出后不久就能看、行走甚至觅食，尽管这时候它们还不会飞。在孵出仅仅几天后，小鸭子就能跑、游泳和觅食了。

小知更鸟在破壳后15天左右离开它们的巢。

羽毛与翅膀

你已经知道所有的鸟类都有羽毛。有些鸟类的羽毛非常漂亮。但是羽毛有什么用呢？它们可以帮助大多数鸟类飞上蓝天，还在其他方面有着重要作用。

在寒冷的天气里，鸟类的羽毛就像一件温暖的冬衣。鸟儿会让羽毛蓬松起来，以保持身体的温暖。对某些鸟类来说，它们防水的羽毛就像雨衣一样，这些鸟类可以在水中恣意地游泳和潜水，不会因为太湿而沉下去。

羽毛的颜色也很重要。有些鸟类的羽毛十分鲜艳，可以帮助它们吸引配偶，而有些鸟类的羽毛颜色能使它们与栖息地融为一体，难以被发现，这样饥饿的敌人就不会注意到它们。

几乎所有鸟类都拥有翅膀。翅膀当然可以用来飞，大多数鸟类都能飞。

信天翁的翅膀又长又尖，它可以滑翔几个小时而不需要扇动翅膀。

雨燕的翅膀又窄又尖，适合快速飞行和急转弯。

雉鸡的翅膀又宽又圆，一旦发现危险，它就会迅速起飞。

鸟类的翅膀十分轻薄。里面是一些小骨头和小肌肉，外面覆盖着薄薄的皮肤和羽毛。

然而，鸟类的翅膀并不都是一样的，它们拥有什么样的翅膀主要取决于其生活方式。

雄性凤尾绿咬鹃有着又长又漂亮的尾巴，用来吸引配偶。

这些灰冠鹤的头顶上有一簇漂亮的羽毛。

知识小百科

大多数鸟类都会飞，但有些鸟类不会。

企鹅的翅膀和海豹的鳍状肢很像。企鹅虽然不会飞，但能够用翅膀游泳，就像鱼一样。

鸵鸟和鹬（yù）鸵的翅膀太小，无法将它们笨重的身体带上天空。虽然这些鸟类不会飞，但它们可是跑步专家。鸵鸟每小时可以跑约64千米！

鸟宝宝的首次试飞

一只小雨燕正准备起飞。自从它孵出来，它的羽毛就越来越长，翅膀也越来越结实。现在，它已经做好了飞行的准备。

小雨燕跳到鸟巢的边缘。尽管它从来没有飞过，但它知道该怎么做。它张开翅膀，用腿一蹬，将自己推离鸟巢。空气向上推着小雨燕的翅膀，将它托起来。小雨燕开始拍打翅膀，它舒展开翅膀末端的羽毛并扭动着，获得推力，向前飞行。

现在，小雨燕累了。它展开翅膀和尾巴，像踩制动器一样停下来，降落在地上。

起飞

知识小百科

鸟类中运动速度最快的是游隼，它的俯冲速度可达每小时约320千米！

落下

翅膀往下

翅膀往上

这只麻雀现在已经成了一名飞行专家。当它在飞行过程中拍打翅膀时，翅膀上的一些羽毛会来回摆动，这推动着它在空中飞翔。

许多鸟类在第一次尝试时就能飞起来，而有些鸟类，比如麻雀，则需要一些练习。它们软软地扑腾着翅膀到了鸟巢外面，在它们真正飞起来之前，它们要花几天时间在地上跳来跳去，拍打翅膀。

试一试

铲子、核桃夹和矛

无论鸟类吃的是昆虫、蠕虫还是浆果，喙都可以帮助它们获取想要的食物。对于大多数鸟类来说，喙是一种特别的工具。事实上，许多鸟类的喙所起的作用和你家里的各种工具一样。看看你是否能将箱子里的工具与起相似作用的喙的拥有者匹配起来。

1. 琵鹭在浅水处散步，时不时地将头探到水下。它左右摇晃着脑袋，将泥水中的小鱼和其他食物铲进嘴里。

2. 苍鹭也在水中觅食，它用长得像矛一样的喙“叉”鱼，把它们从水里捞出来，然后吞进嘴里。

3. 鹦鹉能用它粗壮的喙轻松地磕开坚果和种子。

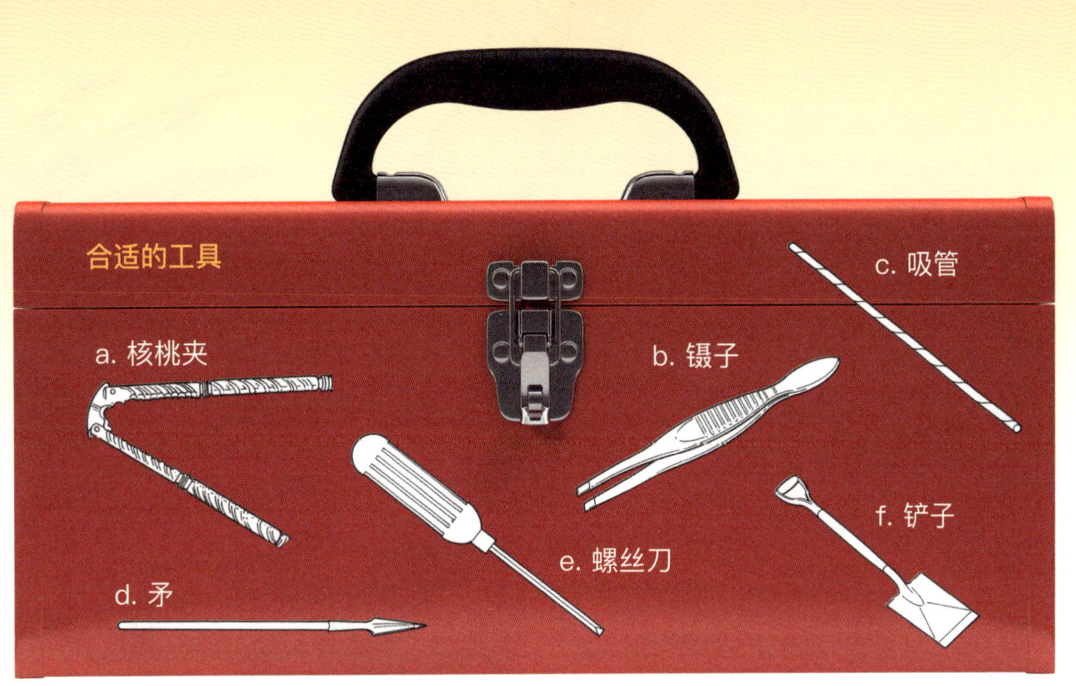

4 麻雀用它的喙捡起地上的种子。

5 啄木鸟用喙啄树皮，在树皮上啄出一个洞后，吃里面的昆虫。

6 蜂鸟将喙深深地插入花中，然后用长长的舌头吸取花蜜。

答案见第 187 页。

称职的脚

你能用脚趾抓住树枝然后入睡而不摔倒吗？答案是否定的，因为你的脚不适合在树上生活。

鸟类的脚能够适应它们的生活方式。

栖息在树枝上的鸟类有弯曲的脚趾，方便它们牢牢地抓住树枝。这种抓握方式让它们即使在睡觉时也不会从树上掉下来。在地面上觅食的鸟类有短粗的脚趾，就像小耙子一样可以刨地并从里面翻出昆虫和种子。鸭子、鹅和天鹅的脚像桨一样，可以帮助它们在水中游泳。以小动物为食的猛禽有锋利弯曲的爪子——非常适合抓住它们的猎物。善于攀爬的鸟类，如鹦鹉和啄木鸟，有两个脚趾伸向前方，两个脚趾伸向后方。鹤鸵和其他一些能快速奔跑的鸟类的每只脚都只有三个脚趾。

当冠蓝鸦栖息在树枝上时，它前面的脚趾向前，后面的脚趾向后，和人类用手指抓握树枝的方式很像。

蓝脚鲣（jiān）鸟的脚上有蹼，在水中可以起与船桨类似的作用。

金雕用长而锋利的爪子抓住猎物并将其带回巢。

啄木鸟后面的脚趾有助于其抓住树干的表面。

知识小百科

每种鸟的脚都十分适合它的生活方式。

一只黑颈䴙䴘潜到水下寻找食物。

潜水、戏水、在水中觅食的鸟类

你曾穿着脚蹼游过泳吗？如果你穿过的话，你就知道它们能帮你游得更快。脚蹼就像鸭子、鹅和天鹅带蹼的脚。它们的脚就好像船桨一样推动着水，这样可以游得更快。

鸭子、鹅和天鹅都是游禽。它们大部分时间都生活在湖泊、池塘、河流等处。

不同种类的游禽获取食物的方式不同。

有些种类的鸭子会钻进水里，如绿头鸭、赤颈鸭和绿翅鸭。为了获取食物，如水生昆虫和水生植物等，这些“钻水鸭”会在水中倒立：把头埋到水下，然后把尾巴伸出水面。天鹅也会以这种方式觅食，它们主要吃植物。

黑天鹅和白腹麻鸭在水面上游着。

帆背潜鸭、䴙䴘属于潜水鸭。它们潜入水下，主要以水生植物为食。

鹅通常在水中或水边陆地上觅食。它们喜欢吃草、种子等。它们的喙可以像剪刀一样整齐地剪下植物的顶部。

绿头鸭钻到水里。

色彩斑斓的鸳（yuān）鸯（yāng）

绿蟾蜍是一种两栖动物。

斑点蝾螈是一种两栖动物。

绿海龟是一种爬行动物。

遇见爬行动物和两栖动物

你见过又大又胖的蛙吗？它圆鼓鼓的眼睛和刺耳的叫声是不是总会把你逗笑？

你在花园中见过小小的蛇飞快地穿梭在草丛中吗？没有脚的它居然可以那么快地移动，这是不是让你惊叹不已？

蛙和蛇属于两类动物，分别是两栖动物和爬行动物。这些动物有的会蠕动，有的会奔跑，有的能够跳跃，还有的能够游泳。有些两栖动物的皮肤像树皮一样粗糙，有些爬行动物的皮肤摸起来像玻璃。有些蛙身上黏糊糊的，但大多数蛇不是这样的。

两栖动物和爬行动物生活在世界各地——在山地和雨林里，在澳大利亚的内陆和非洲的草原上，也可能就在你家的后院里。

蟒蛇是一种爬行动物。

什么是爬行动物？

蟒蛇

倘若你在地上发现了一些卵，且这些卵孵出了一些身上带有鳞片的小动物。它们会是什么动物呢？

它们会是鱼类吗？鱼类有鳞片，但鱼类产的卵没有硬壳。而且，大多数鱼在水中产卵。因此它们不可能是鱼类。

喙头蜥

它们会是鸟类吗？虽然鸟类会产卵，但鸟类身上没有这种鳞片，所以它们不可能是鸟类。

它们一定是爬行动物。爬行动物身上才有这样的鳞片，而且它们通常在陆地上产卵。鳄鱼、蜥蜴、蛇、龟和喙头蜥都是爬行动物。

所有的爬行动物都有鳞片或骨板，它们通常在陆地上产卵。

多数蜥蜴喜欢吃昆虫等小动物。

和太阳玩捉迷藏

在午夜的沙漠中，一只小蜥蜴把自己的大部分身体埋在了沙子里。它将沙子当作毯子，在寒冷的夜晚保持身体温暖。

当太阳升起时，这只小蜥蜴才从沙子里爬出来。它的动作十分缓慢，因为这时它的身体还很冷。它在地面上躺了很久，通过晒太阳温暖它的身体。当它的身体足够暖和时，它便会飞快地冲出去寻找食物。

蜥蜴和其他绝大多数现存的爬行动物都是冷血动物。

夜晚，蜥蜴将沙子当作毯子保暖。

白天，蜥蜴在阳光下温暖身体。

它们身体的温度会随着环境温度的变化而变化，变得和周围的空气或水一样冷或热。如果它们的身体变得太冷，它们就不能快速地移动；如果它们的身体变得太热，它们就会有生命危险。因此，爬行动物必须花时间和太阳玩捉迷藏。它们如果感到冷了，就会在温暖的阳光下躺着。它们如果感到热了，就会赶快到阴凉的角落里躲起来。

有的爬行动物生活在十分寒冷的地方。随着冬天的到来，它们的行动会变得越来越慢。它们会蜷缩在能找到的最暖和的洞里。很快，它们的身体变得冰冷、僵硬，完全不能动弹。只有当天气重新变得温暖，它们才能再次行动。

当它觉得足够暖和时，它会出发去寻找食物。

在一天中最热的时候，蜥蜴躲在石头的阴影中乘凉。

龟是现存的唯一一类有壳的爬行动物。

龟

龟是背上有壳的爬行动物。大多数龟能把头、四肢和尾巴缩进壳里以保护自己。

水生龟有相当长的时间生活在水里。它们游泳比走路厉害得多。海龟几乎所有时间都在水里，它们用强壮的、像鱼鳍一样的四肢游泳。水生龟既能吃动物，也能吃植物。

陆生龟生活在陆地上。它们有着像棍子一样的腿，用来在沙子、泥土或草地上行走。大多数陆生龟的壳又高又圆，

这种来自斯里兰卡的星龟有着粗壮的小短腿，适合在陆地上行走。

而水生龟的壳则大多是扁平的，以帮助它们在水中滑行。大多数陆生龟只吃植物。

龟在产卵后通常不会看护它们的卵。许多龟会在泥地或沙地上挖洞，把卵产在洞里，然后把卵盖起来就离开了。温暖的阳光将帮助这些卵孵化，龟宝宝则要靠自己爬出洞来。

这只玳瑁正准备抓一条鱼当午餐。它的四肢像鱼鳍一样，非常适合游泳。

知识小百科

有些龟是**濒危动物**。玳瑁已经濒临灭绝，过去，它那漂亮的龟壳常被用来制作礼品。这种动物生活在热带的珊瑚礁附近。许多国家已经颁布了禁止销售玳瑁龟壳的法律。另一种濒危的龟是埃及陆龟。这种龟发现于埃及、以色列和利比亚。它曾是异宠爱好者们的最爱。

它们没有腿，用舌头闻味道

像所有其他蛇一样，
绿树蟒没有腿。

蛇完全没有腿，但它们能移动得非常快！大部分蛇可以在地面上呈“之”字形移动，其移动速度几乎和大多数人尽全力走路一样快。

蛇和蜥蜴不同，因为它们既没有外耳，也没有眼睑（也就是眼皮）。为了闻东西的味道，蛇会伸出它们的舌头！蛇用它们灵敏的嗅觉来找到食物。

大多数蛇喜欢吃活的食物。它们吃各种小动物，甚至是其他蛇。蛇不会咀嚼食物，而是将食物整个吞下去。它们的上下颌像一对核桃夹一样，末端连接在一起。为了吃下体型较大

知识小百科

许多人害怕蛇——所有的蛇。但事实上只有少数种类的蛇会给人类造成生命危险，其中包括印度眼镜蛇、黑曼巴蛇和锯鳞蝰蛇。

的食物，它们可以松开末端的连接，把嘴巴张得非常大。事实上，一条小束带蛇就能吞下一整只蛙；非洲食卵蛇能吞下一颗比自己头还大的卵；大蟒蛇能吞下一整头猪，连猪蹄都不放过！

蟒蛇会用自己的身子缠绕猎物，将猎物挤压至死。而有些蛇，比如蝰蛇和响尾蛇，则具有毒腺。它们会用中空的毒牙将致命的毒液注入猎物体内。有些眼镜蛇甚至会向敌人的眼睛喷射毒液。

海蛇的身体两侧是扁平的，能在水中左右摆动。

非洲食卵蛇能毫不费力地吞下一整颗卵。

蛇的舌头能帮助它闻到空气中的气味。

玻璃蛇其实是蜥蜴。如果敌人抓住了它的尾巴，玻璃蛇就会自断尾巴逃走。这对它来说没有任何伤害，因为它很快就能长出一条新的尾巴。

耳朵和眼睑

有时很难分辨一个动物是不是蜥蜴。有些蜥蜴看起来像蛇，有些则像蠕虫。

大多数蜥蜴都有三个特征：有可以闭合的眼睑、头两侧有一对耳孔、有着长长的尾巴。大多数蜥蜴有四条腿，但有些蜥蜴，比如玻璃蛇或蛇蜥，则完全没有腿。

蜥蜴是爬行动物，通常生活在地面或树上。大多数蜥蜴生活在温暖的热带地区，但有些蜥蜴生活在冬天十分寒冷的地区。蜥蜴体表的鳞

与蛇不同的是，大多数蜥蜴有四条腿。

片有助于它们在天气非常炎热时保持体内的水分。

蜥蜴是冷血动物。但与一些温血动物一样，一些蜥蜴会冬眠，一觉睡过寒冷的冬天。

这只石龙子喜欢在落叶层中活动，这有助于保护它免受烈日灼伤。

包括这只守宫在内的大多数蜥蜴都有可以张开和闭合的眼睑。

这只守宫正在一点点地蜕皮。

因为长太快，皮肤包不住

一条束带蛇在草丛中蠕动。它的皮肤已经干了，但在下面长出了一层新皮肤。于是它用嘴摩擦树干，让嘴唇周围的皮肤慢慢裂开。不过这并不会给它带来任何伤害，最终它皱巴巴的旧皮肤会挂在尾巴尖上。

很快这条蛇就来到了石头旁。它扭动着尾巴爬行，蜕下尾巴上的旧皮肤，锃亮的新皮肤裸露出来。

每隔几个月，蛇就会长大到旧皮肤包不住身体的程度。每次，它都要从旧皮肤中爬出，抛弃旧皮肤。

蜥蜴也会蜕皮。然而，许多蜥蜴都有腿，它们不能像蛇那样把整块旧皮肤完整地脱下来，而是把旧皮肤撕成碎片，一点一点地摆脱旧皮肤。

蛇能一次性蜕下整张皮。

凶猛的爬行动物

鳄鱼是大型爬行动物。最大的鳄鱼可以长到约7米长！有一种鳄鱼叫短吻鳄，它们的体型较小，但仍然比大多数蜥蜴大。鳄鱼通常生活在温暖的浅水环境中。

鳄鱼体表覆盖着坚硬的鳞片。它们有长长的吻部、强壮的颌骨以及锋利的牙齿。

鳄鱼有着长长的尾巴，这可以推动它们在水中前行。它们带蹼的四足可以帮助它们控制方向。它们的眼睛和鼻孔位于吻部的上端，这让它们可以藏在水下伏击猎物，离它们太近的动物会被拖入水中吃掉。

鳄鱼通常会吃鸟类、鱼类和龟类，将它们整只吞下。鳄鱼有时也会吃大型动物，例如角马。鳄鱼曾袭击并杀死过人类，但这样的事件并不常见。

大多数鳄鱼的吻部前端是尖的，少数鳄鱼的吻部前端是圆的。

鳄鱼妈妈会照看自己产的卵，直到它们孵化。

人们曾大量猎杀鳄鱼以获取其漂亮的皮，这种猎杀行为已使一些种类的鳄鱼濒临灭绝。

什么是两栖动物？

你能想到一种幼小时生活在水中，长大后可以生活在陆地上的动物吗？没错，就是蛙！

蛙属于两栖动物。像绝大多数爬行动物一样，两栖动物也是冷血动物。但与爬行动物不同，两栖动物产下的卵很软，没有硬壳包裹。这些卵很容易变干，所以两栖动物必须把它们的卵产在水中或潮湿的地方。大多数两栖动物的宝宝出生在水中，它们看起来像小鱼，和鱼一样用鳃呼吸。

大多数两栖动物长大后，鳃就消失了，然后它们能够上岸生活。成年的两栖动物通常像鸟、狗和人一样用肺呼吸。如果一种动物是冷血动物，并且一生中前半辈子生活在水中，后半辈子生活在陆地上，那么它很可能就是两栖动物。

蟾蜍

蝾螈

蛙

斑点蝾螈

红眼树蛙

这只美洲蟾蜍正在吞一条比自己还长的蚯蚓。

知识小百科

顾名思义，两栖动物就是生活在两种不同栖息地上的动物。对于那些一部分时间生活在水里，剩下时间生活在陆地上的动物来说，这是一个绝佳的名字！

两栖动物中的猎手

蛙、蟾蜍与狮子、老虎有什么相似之处？它们都捕食活的猎物。但这些两栖动物用舌头而不是锋利的爪子和牙齿来捕捉猎物。蛙和蟾蜍吃昆虫、蠕虫，也吃较小的蛙和蟾蜍。体型较大的牛蛙会吃小乌龟、蛇、老鼠和小鸟。

蛙和蟾蜍基本只吃会动的东西。如果昆虫不动，那么它在蛙或蟾蜍面前可能是安全的。但哪怕昆虫只是轻轻地扭动一下，蛙或蟾蜍都会看见并吞下它。

许多两栖动物，包括蛙和蟾蜍，都用它们又长又黏的舌头来捕捉食物。如果有只昆虫在附近，蛙或蟾蜍就会慢慢地靠近这只猎物，然后它把舌头伸出来，迅速地将昆虫拉进嘴里。

箭毒蛙

有些蛙是毒性很强的动物。色彩鲜艳的箭毒蛙身长仅2.5厘米，但它皮肤里的毒素对掠食者来说却是致命的。

知识小百科

这只蛙抓到了一只蟋蟀。蛙和蟾蜍是老练的猎手。一位科学家曾经看到一只小蟾蜍在不到1分钟的时间内抓到了52只蚊子！

蛙的一生

早春时节，雌蛙会在湖泊或池塘里产下数百枚卵。几天或者几周后，小小的蝌蚪就会从卵中孵出。

蝌蚪在水里游来游去，啃食植物。它们像鱼一样用鳃呼吸，但它们体内正在长出用于呼吸空气的肺。

随着时间的推移，蝌蚪长出了腿。许多蝌蚪会被鱼类和水里的昆虫吃掉。

几个月后，蝌蚪可以离开水，用肺呼吸空气。它们现在是幼蛙了，尾巴会萎缩并消失。

到夏天结束时，蛙已经完全长大。冬天，它们会在池塘底部冬眠。春天，雌蛙会产下新的卵。

许多蛙从卵到蝌蚪再到成蛙的过程只需几个月的时间。你在上图中看到了不同的阶段吗?

试一试

动物从很小的卵长到成年，经历了多个阶段，这些阶段是其生命周期的一部分。你能把表示蛙的不同阶段的图片按顺序排列吗?

长出四肢的幼蛙

成蛙

蝌蚪

卵

答案见第 187 页。

这只红蝾螈有尾巴，正如所有其他蝾螈一样。

有尾巴和没尾巴的两栖动物

蛙和蟾蜍看起来很相似。但仔细观察，你会发现一些不同之处。蟾蜍通常比蛙胖，后腿较短。蟾蜍的皮肤粗糙、干燥，蛙的皮肤光滑、湿润。大多数蟾蜍的皮肤上都有看起来像疣的肿块。

蛙和蟾蜍没有尾巴，蝾螈这类两栖动物有尾巴。世界上有很多种蝾螈。侏儒蝾螈可能和

这是蛙还是蟾蜍？左边动物身上的肿块和干燥的皮肤说明这是蟾蜍。右边动物身上湿润的皮肤和长长的后腿说明这是蛙。

泥螈

你的手指差不多长，而大鲵可能比躺下来的你还长。

在所有两栖动物中，最奇特的是蚓螈。蚓螈生活在热带和亚热带地区，它们看起来像肥硕的蠕虫。有的蚓螈与人的拇指一样粗，与人的腿一样长——甚至更长！

蚓螈看起来像蠕虫，其长度可能比人的腿还长。

遇见鱼类

海豚和海马都生活在水中。

海豚长得像鱼，但它并不是鱼。海马怎么看也不像鱼，但它其实是鱼。

如何判断某种动物是不是鱼呢？所有的鱼都有脊椎，所有的鱼也都有鳃。鳃是鱼用来呼吸的器官，开口通常在鱼的头部。

鲈鱼

大多数鱼类都有鳞片。鳞片是小小的、圆形或者菱形的坚硬“皮肤”。鱼类通常在身体的腹部、背部、侧面或者尾巴上有鳍。

海马

如果它有鳃、鳞片、鳍，并且生活在水中，那么它很可能就是一条鱼！

海鳝

扳机鱼

观察鱼类

一条神仙鱼正在水族箱中游泳。它的嘴一开一合，一开一合，这正是它呼吸的方式。水从它的嘴进入，再从头部两侧的鳃排出。鱼鳃从水中获取氧气，然后这些氧气进入鱼的血液。像所有其他的动物一样，鱼类也需要氧气才能生存。

当神仙鱼游泳的时候，它向两侧摆动尾巴，从而向前移动。鱼类使用它们的鳍游泳、转向以及保持平衡，而一个被称为鱼鳔的气囊可以帮助鱼类在水里保持一定的深度。

神仙鱼看起来像是一直在用大大的眼睛盯着你。由于头部两侧各有一只眼睛，神仙鱼可以同时看到几乎所有方向的东西。大多数鱼类都有非常好的视力。

水族箱通常放置在一个不太冷也不太热的地方。神仙鱼像大多数鱼类一样是冷血动物，它的体温和周围的水温保持一致。如果把水族箱放在一个很冷的地方，水会变得太冷，鱼就会死掉。

神仙鱼

生活在一起

在浅滩上，一些小小的棕色米诺鱼在你的腿旁游动。它们会越游越近，然后突然一起转向。如果有一条鱼感受到了危险，它就会飞快地游走，它旁边的鱼也会闪电般立刻逃离。鱼儿模仿彼此的动作是如此之快，以至于它们看起来像是在同时行动。

当同种鱼在一起成群游动时就会形成鱼群。一个鱼群中可能有上千条鱼，但是它们的行动非常一致，它们以相同的方式和相同的速度游动。鱼在鱼群中游动是为了保持安全。一条独自游动的鱼很容易成为体型更大的动物的猎物，但是一大群鱼则会迷惑敌人。

成群的鱼也更容易找到食物，因为可能有成千上万双眼睛在一同观察。如果一条鱼发现了食物然后转向目标，那么整个鱼群都会跟过去。

并不是所有的鱼都会生活在鱼群中。捕食猎物的掠食性鱼类通常独自生活，例如某些种类的鲨鱼。还有一些鱼类只在觅食、休息、产卵或者年幼时才会结成鱼群共同生活。

知识小百科

一个鱼群中可能有很多鱼，也可能只有几条鱼。举例来说，一个金枪鱼鱼群中可能只有25条鱼，而一个鲱鱼鱼群中可能有数百万条鱼！

一群石鲈

大鱼吃小鱼

如果某种动物或者植物生活在水中，那么它很可能成为一条饥饿的鱼的食物。

在海洋里，大多数鱼类只吃其他的鱼。大型海洋鱼类，比如鳕鱼、大海鲢和金枪鱼，会以小型鱼类为食，比如鲱鱼、沙丁鱼和鳀鱼。当然，体型大的鱼类自己也可能成为鲨鱼的食物。

在河流或者湖泊中，鱼也会吃鱼。但是一些鱼类会在它们的食谱上添加其他美味的食物。鳟鱼会跃出水面捕捉飞虫。饥肠辘辘的大鱼，例如鲈鱼、狗鱼和弓鳍鱼，会贪婪地吞下蛙、小鸭子甚至是小麝鼠。

一些鱼类会吃植物。鲤鱼和下口鲇会在河流或者池塘的底部游动，利用细小的牙齿一点点咬掉长在泥里的植物。

这条瓜仁太阳鱼很可能成为食物。

还有一些鱼类会吃藻类。鹦嘴鱼吃藻类和生活在珊瑚中的小动物。翻车鱼吃小虾、小鱼、水母以及藻类。

一些体型很大的鱼类吃的却是很小的食物。鲸鲨、蝠鲼和姥鲨都只以浮游生物、小鱼等为食。

知识小百科

很多鱼类的身体都很适合捕猎。某些生活在深海的鱼类长出了能发光的器官，用来吸引猎物。一些鮟鱇鱼的身体前部有一个能摇摆的结构，可以用作诱饵以引诱其他鱼类。电鳗则是通过电击使猎物陷入昏迷。

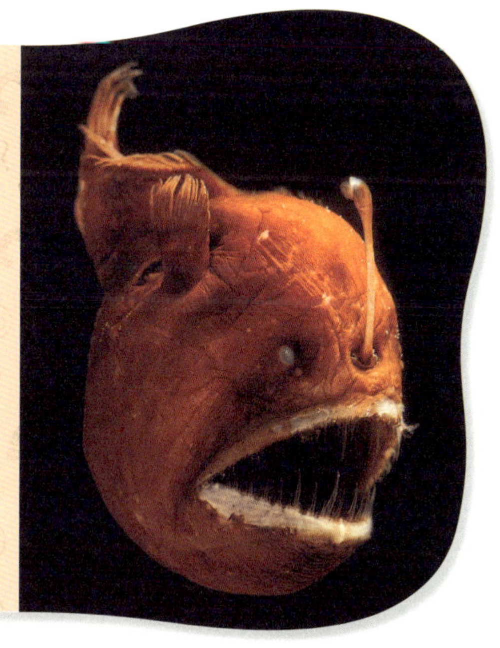

海马有着独特的育儿方式。雌海马在雄海马的育儿袋中产卵。当鱼卵孵化后，幼鱼会从育儿袋中涌出。

尽职尽责的鱼爸爸

大多数鱼卵永远也没有机会孵化。许多鱼卵会被冲到岸上风干，还有很多会被其他鱼类吃掉。所以，在危机四伏的水面之下，许多雄鱼会给予它们的鱼卵额外的照顾。

雄性小口黑鲈会在幼鱼孵化前就开始照顾它们。它在沙子里挖出一个宽阔的碟形洞，而雌鱼就在其中产卵。这些鱼卵具有黏性。它们黏附在沙子上，这样就不会随水流漂走。

雌鱼产卵后，雄鱼就开始独自守护这些鱼卵。它会用尾巴轻轻扇动鱼卵，使它们周围的水保持新鲜，这有助于孵化。

当幼鱼孵化出来后，雄鱼会在它们学习游泳时在一旁看护。它会与任何靠近的东西搏斗。之后，雄鱼还会在幼鱼觅食时保护它们。

雄性后颌鱼会把鱼卵含在嘴中。当鱼卵孵化后，它会继续把幼鱼含在嘴里，直到它们可以独立生存。然后，它会把幼鱼吐到水中，让它们游走。

这条雄性后颌鱼藏身于洞穴中，把鱼卵含在嘴里以保护它们。

吵闹的海底世界

鳃棘鲈

大多数蟾鱼都会发出咕噜声或者和蟾蜍叫声一样的声音。

咕噜、呱呱、呼呼、嘀嗒——海洋是一个吵闹的地方！其中很多声音都是由鱼类发出的。

有些鱼类是以它们发出的声音命名的。有一类鱼会摩擦牙齿，发出咕噜声，它们在英文中被称为“咕噜鱼”（grunt，即石鲈科鱼类）。另一类鱼被称为“呱呱鱼”（croaker，即石首鱼科鱼类），你能猜到这是为什么吗？

狭鳕、黑线鳕、神仙鱼、石斑鱼和很多其他的鱼也会发出咕噜声。它们通过振动特定的肌肉挤压体内充满气体的鱼鳔来发出咕噜声。海马则可以用头上的骨头撞击背上的骨头来发出嘀嗒声。

某种神仙鱼

鲨鱼有时会发出咆哮声。但它们并不是真的在咆哮，而是在打嗝！很多鲨鱼会通过吞咽空气来帮助它们停留在水面附近。当它们想要下潜时，需要通过打嗝排出空气。这些打嗝声听起来就像是咆哮声。

科学家们研究鱼类的声音，以了解这些声音是否有特殊的含义。他们说很多声音似乎是由雄鱼发出以呼唤雌鱼的，其他一些声音则是鱼类准备搏斗时发出的。

鲨鱼发出的打嗝声听起来像是咆哮声。

试一试

奇妙的水世界

养鱼非常有趣。很多拥有水族箱或者鱼缸的人很享受养鱼的乐趣，大大小小、形状多样的鱼类为他们带来了许多乐趣。最容易饲养的是淡水鱼，比如金鱼和孔雀鱼。为什么不试着自己布置一个水族箱呢？

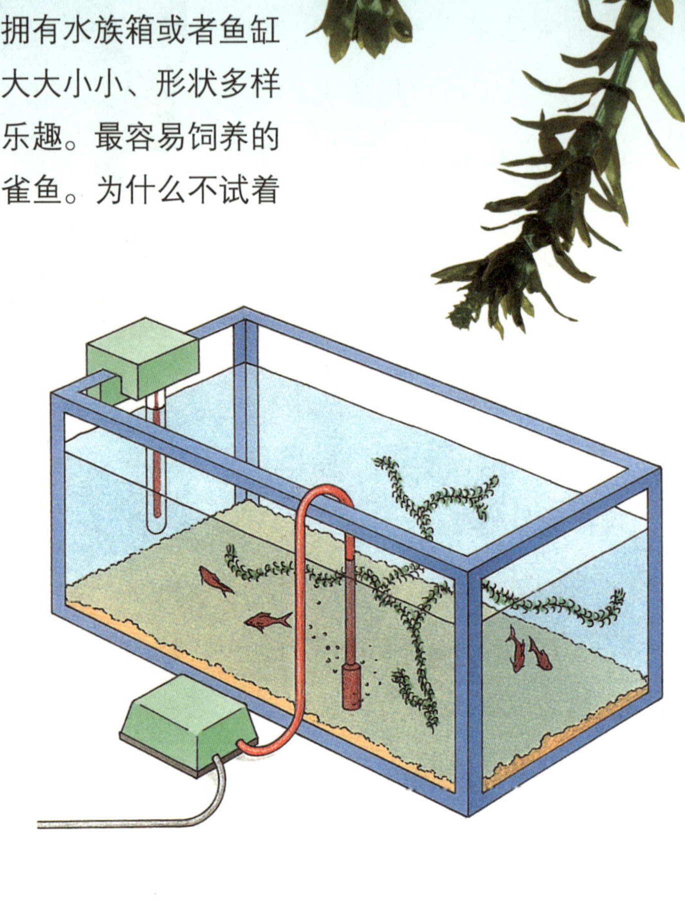

你需要：

- 一个大大的玻璃缸
- 空气泵和过滤器
- 干净的沙子
- 干净的砾石
- 一个旧盘子
- 水草或水族箱植物
- 自来水
- 鱼食
- 鱼

怎么做：

1. 用温水清洗玻璃缸。绝对不要用肥皂清洗玻璃缸、沙子和砾石，它会毒害你的鱼。在缸的底部铺一层沙子，在上面覆盖卵石。把水草或者其他水族箱植物牢牢地固定在沙层中。

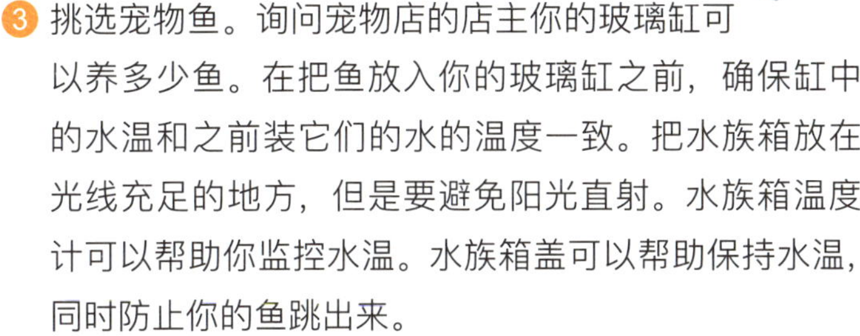

2 把空气泵和过滤器固定在缸上。然后把旧盘子放在卵石上，注意不要压到植物。缓缓地把水倒在盘子上，不要把沙石冲散。当缸中装满水后，取出盘子。自来水通常会经过氯处理，为了去除水中的氯，需要把水放置几天。

3 挑选宠物鱼。询问宠物店的店主你的玻璃缸可以养多少鱼。在把鱼放入你的玻璃缸之前，确保缸中的水温和之前装它们的水的温度一致。把水族箱放在光线充足的地方，但是要避免阳光直射。水族箱温度计可以帮助你监控水温。水族箱盖可以帮助保持水温，同时防止你的鱼跳出来。

4 每天给你的鱼喂少量食物。可不要喂太多了，因为吃剩的鱼食会沉到缸底并腐坏。这会使细菌滋生，能伤害甚至杀死你的宠物鱼。

5 你的水族箱可能需要每周或隔周进行清洁。请大人用一根虹吸管帮你抽出缸里大约三分之一的水。虹吸管也可以用来吸出砾石间的污物。用刮刀清除缸壁上的藻类，然后用沾湿的海绵擦拭水面以上的缸壁。绝对不要使用肥皂！最后用在敞口的容器中放置了几天的水重新注满鱼缸。

只要悉心照料，你的宠物鱼一定能给你带来无尽的乐趣。

大白鲨

令人生畏的鲨鱼

很多人都害怕鲨鱼，但大多数鲨鱼其实是对人类无害的。事实上，鲸鲨和姥鲨作为体型最大的两种鲨鱼，基本只吃小鱼和浮游生物。

大白鲨和鼬鲨更加危险。它们几乎什么都吃，包括垃圾、大鱼、海豹和海龟。

一条小鱼和鼬鲨同游，它会吃掉鲨鱼的“剩饭”。

知识小百科

世界上大约有500种鲨鱼。其中只有50种左右被认为对人类有危险。全球每年平均有不到100起鲨鱼袭击人类的事件发生。

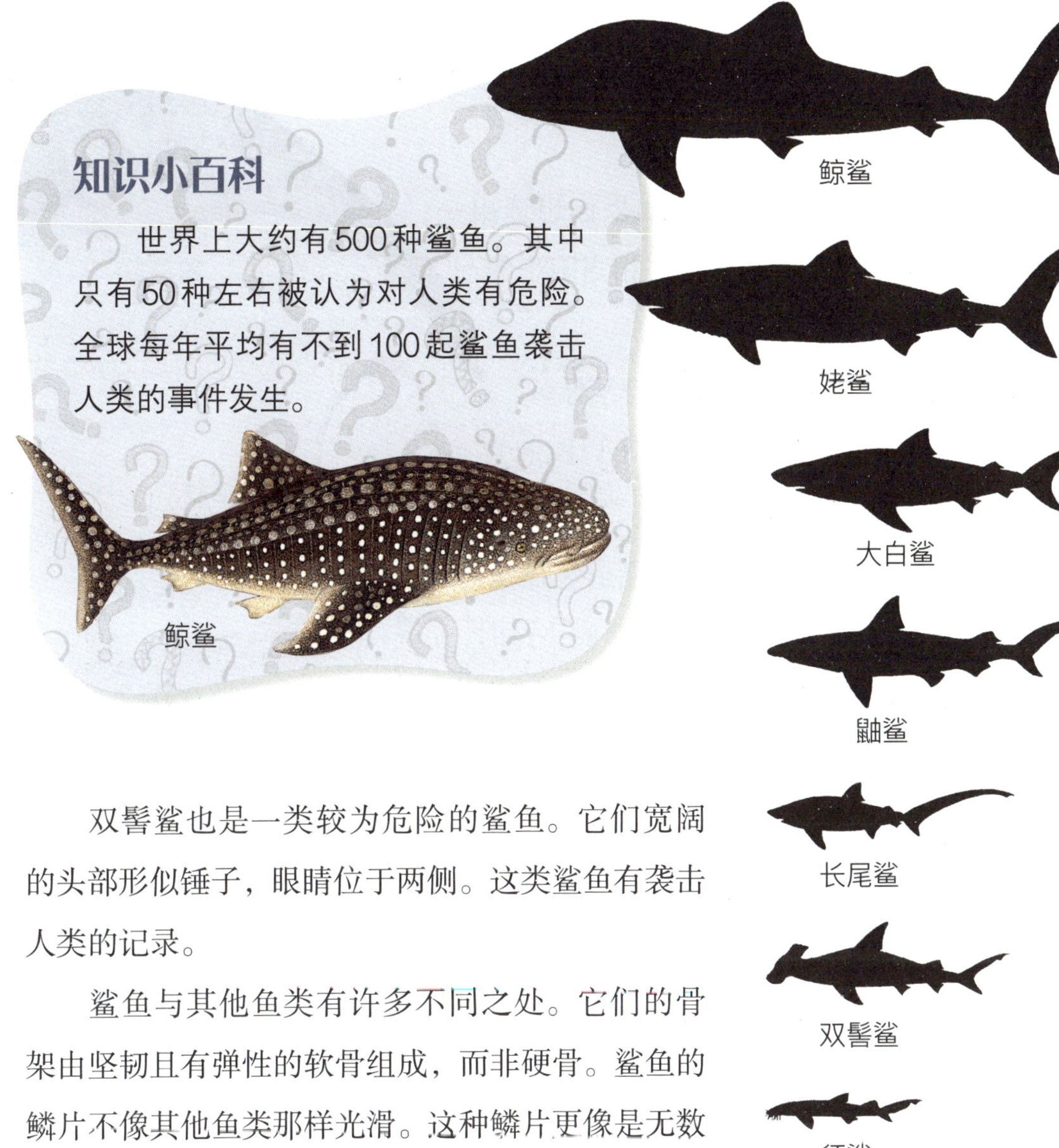

双髻鲨也是一类较为危险的鲨鱼。它们宽阔的头部形似锤子，眼睛位于两侧。这类鲨鱼有袭击人类的记录。

鲨鱼与其他鱼类有许多不同之处。它们的骨架由坚韧且有弹性的软骨组成，而非硬骨。鲨鱼的鳞片不像其他鱼类那样光滑。这种鳞片更像是无数细小而粗糙的牙齿，覆盖在身体表面保护着鲨鱼。鲨鱼的鳃是开放的，不像其他鱼类那样被鳃盖所覆盖。这种鳃看起来像是鲨鱼身体两侧的裂缝。鲨鱼也不像其他鱼类那样拥有鱼鳔，替代鱼鳔作用的是肝脏，比水更轻的油脂充满了鲨鱼的肝脏。此外，吞咽空气也有助于它们保持漂浮状态。即便如此，如果鲨鱼停止游动，它们就会下沉。

奇特的鱼类

鱼有成千上万种。如果你想选出一种最奇特的鱼，那可是件相当困难的事情。

弹涂鱼的脑袋像蛙，身子像鱼。它经常在地面上爬行，还可以跳起来用嘴捕捉飞虫。

射水鱼用水将猎物击落。它在靠近水面的地方游动。一只甲虫嗡嗡飞过时，射水鱼从嘴里射出一道水流。水流以极大的力量击中甲虫，使其掉入水中，然后这只甲虫被射水鱼迅速吞下。

象鼻鱼“鱼如其名”，它的长鼻子看起来就像是大象的鼻子。

叶形海龙的外观也很奇特，刺状的鳍使它看起来像海藻一样。

吞噬鳗看起来像是一张附着细长尾巴的大嘴。它张开大嘴，足够吞下比自己大的鱼。

比目鱼的两只眼睛在身体的同一侧。

不要忘记还有玻璃猫（一种鲇鱼），你可以直接看到这种透明鱼类的身体内部结构。

这些鱼只是生活在世界上的千奇百怪的鱼类中的几种，你认为哪一种最奇特呢？

象鼻鱼
吞噬鳗

叶形海龙

向猎物射出水流的射水鱼

遇见
无脊椎动物

鱼类、哺乳类和鸟类有个共同点——拥有脊椎，因此它们都属于**脊椎动物**。但是海洋中的很多奇特生物并没有脊椎，它们属于**无脊椎动物**。

一些无脊椎动物非常大，比如大王乌贼。有一些则非常小，以至于你需要用显微镜才能看见它们。

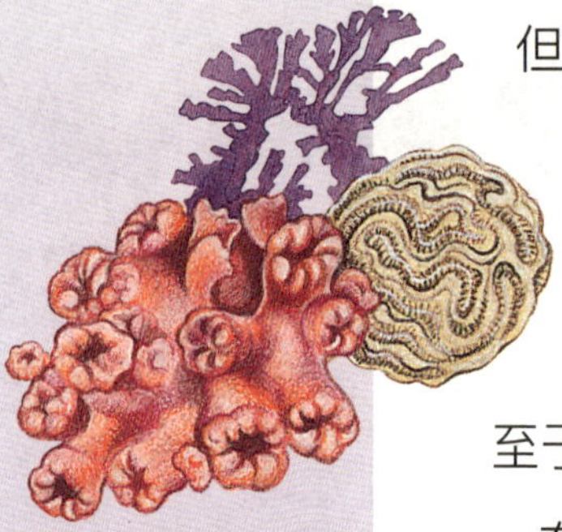

有些无脊椎动物，比如螃蟹、蛤蜊和海蜘蛛，拥有坚硬的外壳。壳可以保护它们柔软的身体。另一些无脊椎动物，比如海星或海胆，通过棘刺保护自己。还有一些无脊椎动物，比如水母，则通体柔软。水母看起来像是透明的一团东西，优雅地漂浮在海中。不过，它们的触手能刺痛敌人，这就是它们保护自己的方式。

无论是否拥有甲壳、棘刺或蜇人的触手，无脊椎动物都是海洋中最有趣的生物之一。

珊瑚

寄居蟹

章鱼

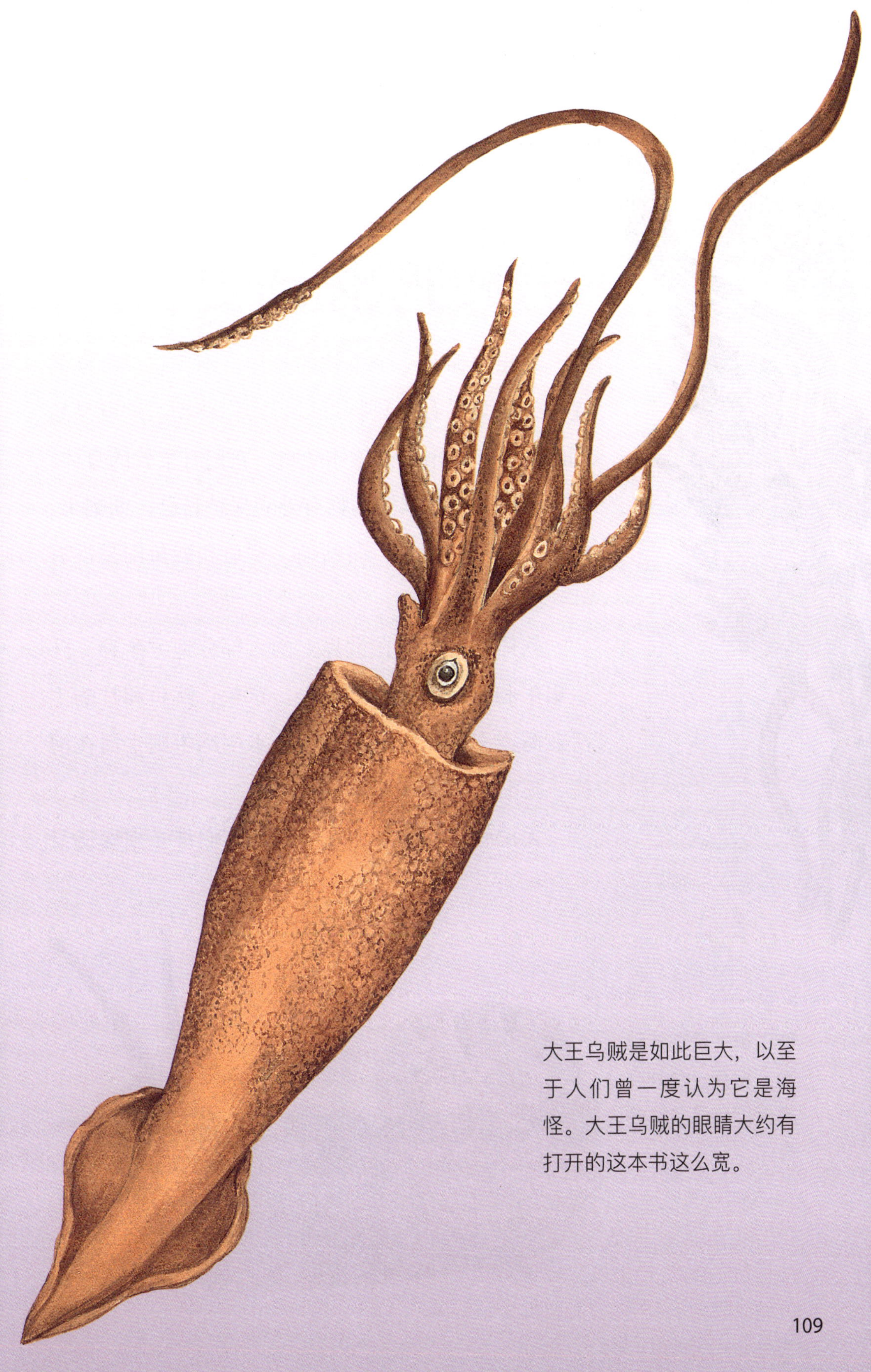

大王乌贼是如此巨大，以至于人们曾一度认为它是海怪。大王乌贼的眼睛大约有打开的这本书这么宽。

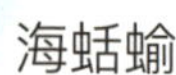

海蛞蝓

奇妙的软体动物

试想你拥有一个柔软的身体，不仅缺少脊椎的支撑，而且只有一只脚可以帮助你移动。这就是蛤蜊的境遇。蛤蜊属于软体动物，它们有柔软的身体，没有骨骼。一些软体动物有外壳保护自己，如蜗牛、蛤蜊、牡蛎和扇贝，而蛞蝓、章鱼和鱿鱼则是没有外壳的软体动物。

软体动物可以在世界上的大部分地方生存。陆生蜗牛和蛞蝓生活在陆地上。章鱼、鱿鱼和牡蛎生活在海洋中。一些蛤蜊和部分水生蜗牛则生活在河流、湖泊、池塘和溪流中。

无论软体动物生活在哪里，它们都必须保持身

陆生蜗牛是软体动物，它有一个外壳来保护自己柔软的身体。

砗磲生活在两瓣壳之间，它可以开合自己的壳。

体湿润才能存活。这就是我们可以在潮湿的树叶下或土壤中找到蛞蝓和一些陆生蜗牛的原因。

有些软体动物住在可以像书本一样开合的两瓣壳之间。这些动物被称为双壳类。鸟蛤、贻贝、牡蛎和扇贝都是双壳类。双壳类通常只会把壳打开一点，以便食物可以漂进来。它们以漂浮在水中的微小生物为食。

知识小百科

在世界各地，每天都会有人将软体动物作为美食享用。在法国，人们喜欢吃蜗牛。在意大利，炸鱿鱼圈是一种受欢迎的小吃。在美国，人们喜欢吃扇贝和厚壳蛤。

真正的活海怪

8条柔韧的长“腿”，一对圆睁的大眼睛，章鱼的外表对一些人来说非常可怕，这使它们有时被称为魔鬼鱼。但是章鱼极少袭击人类。它们使用强壮的腕（即触手）捕捉贝类和逃离危险。有些种类的章鱼则带有毒性。

对一些人来说，章鱼那柔韧的长“腿”和圆睁的大眼睛使它看起来非常可怕。

知识小百科

章鱼的英文名octopus来自希腊语，意为“8只脚”。

章鱼科的物种数量超过200种。多数章鱼的大小可能和一只小猫相近，但是有一些章鱼的腕长可以达到8.5米。

章鱼是软体动物。它没有骨骼，但是有着坚韧的外套膜，这能保护它的身体并维持其外形。每只腕下的一两排圆形肌肉是吸盘，即使章鱼的腕被切断，这些吸盘仍能抓住物体！

章鱼受到惊吓时，会释放出一团墨汁。这些墨汁使敌人难以看到章鱼或闻到章鱼的气味。这就是章鱼逃离危险的方法。

水下花园

一只蜘蛛蟹在珊瑚丛中捕食。

你可见过由动物组成的花园？这种美丽的花园由一种叫珊瑚虫的微小动物构成，存在于温暖浅海的底部。

成千上万的珊瑚虫生活在一起，形成了珊瑚。珊瑚形似扇子、圆球、烛台等各种物体。它们可以呈红色、粉色、橙色、蓝色、绿色或紫色。

许多色彩斑斓的生物生活并隐藏在珊瑚丛中的缝隙和通道中。

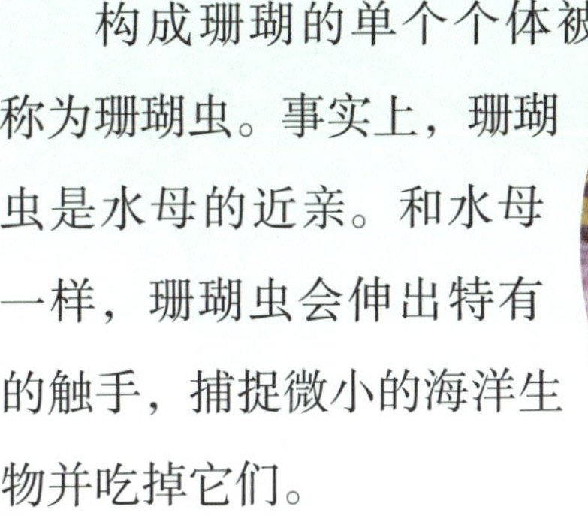

构成珊瑚的单个个体被称为珊瑚虫。事实上，珊瑚虫是水母的近亲。和水母一样，珊瑚虫会伸出特有的触手，捕捉微小的海洋生物并吃掉它们。

许多珊瑚聚集在一起，形成了珊瑚礁。珊瑚礁是海洋中最富饶的地方，它们为无数鱼类和其他海洋动物提供了栖息地。

近观珊瑚虫

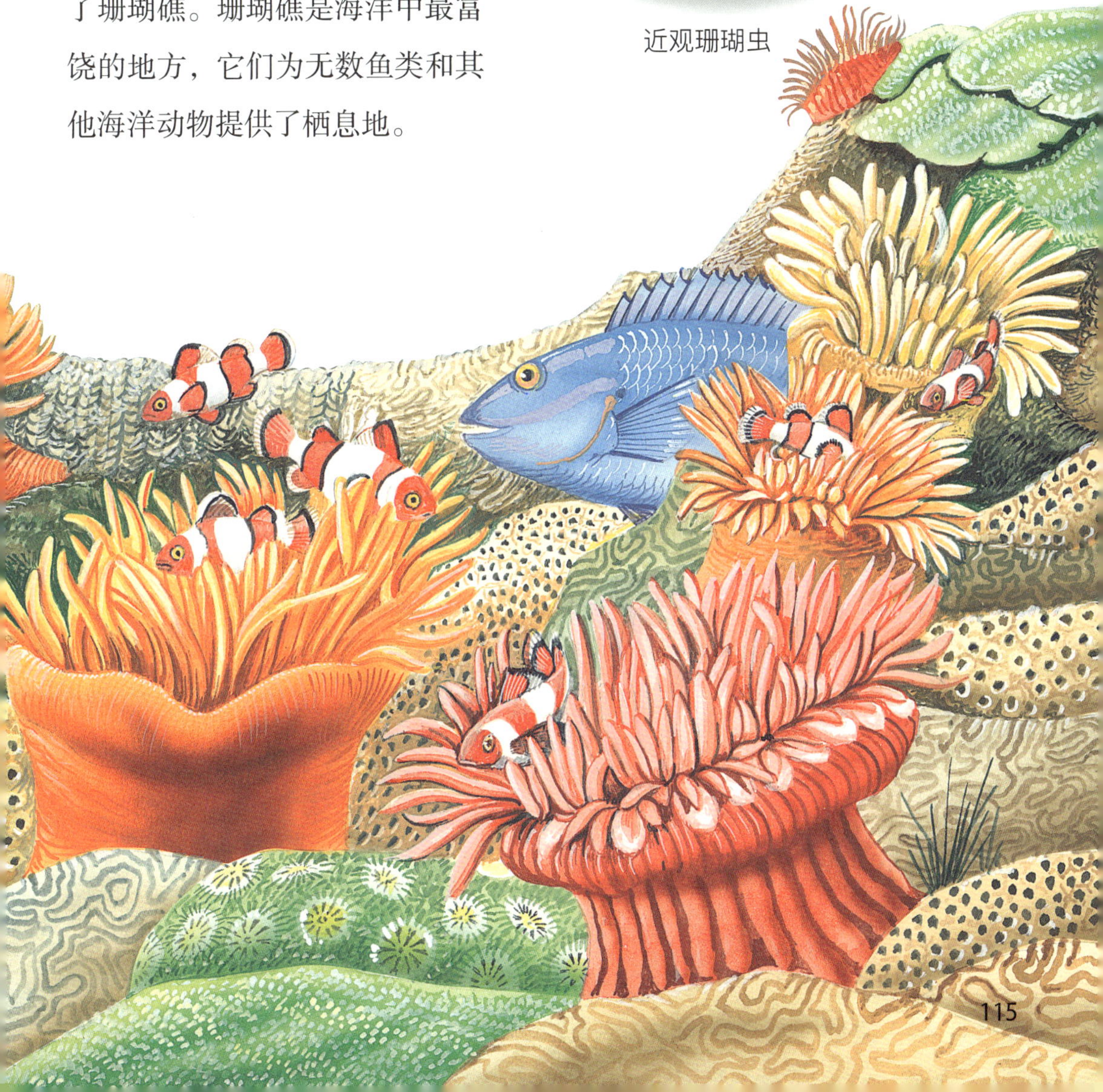

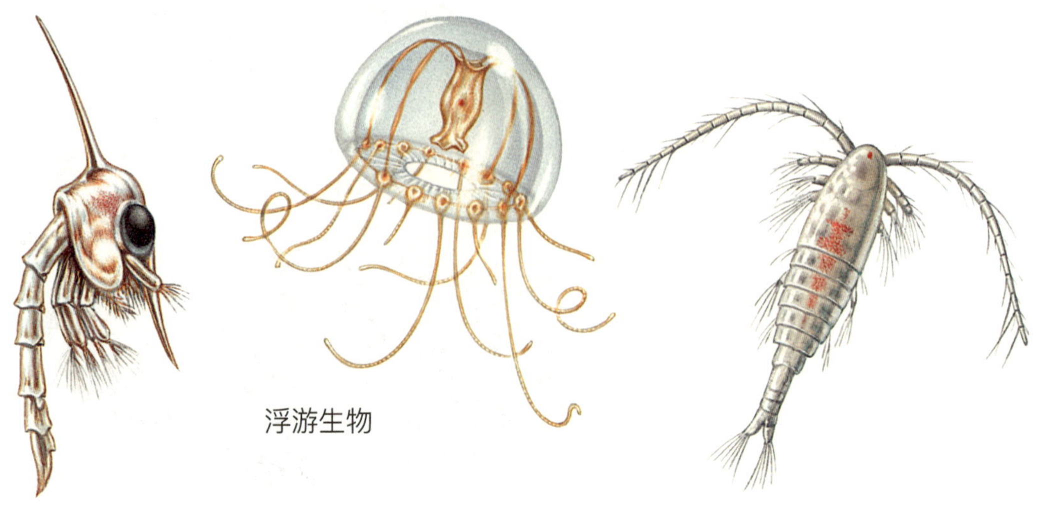
浮游生物

显微镜下的生命

如果你舀起一杯海水用肉眼观察，那么你可能看不到什么生物。但是，如果你用显微镜观察同一杯海水，那么你将看到无数个小生物。

其中有些是微小的动物，有些则是体型较大的动物的幼体。你也许还能看到一些植物和藻类，它们大量地在海洋中漂浮。这些生物统称为浮游生物。浮游生物是从虾到鲸鱼等许多海洋生物的食物来源。

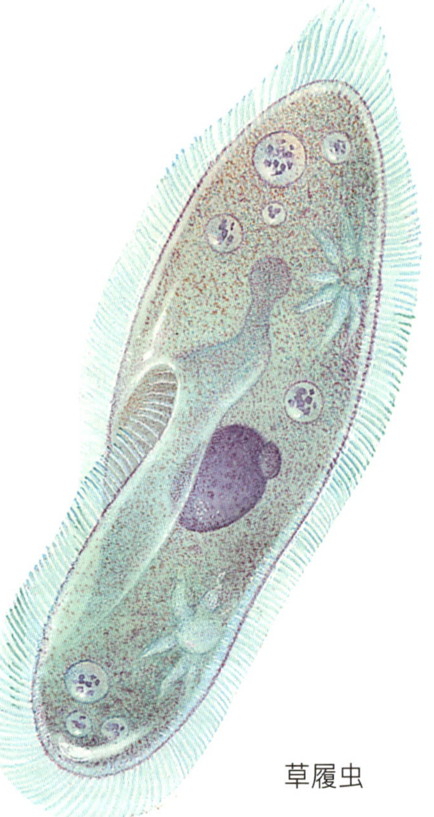
草履虫

在一杯池塘水中，你也会看到不同的生物。其中有一种看起来像鞋底的

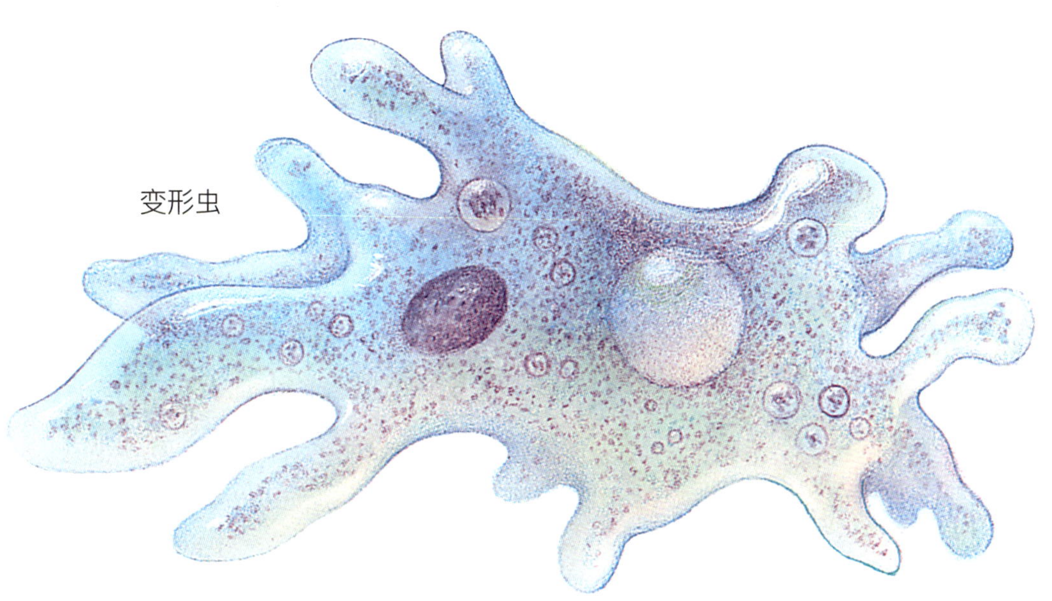

变形虫

生物，它叫作草履虫。它没有头也没有腿，没有眼睛也没有嘴巴。它的身体上有一排排细小的“毛发”，这些“毛发”像船桨一样帮助它在水中移动。

还有一种生物看起来像一个带着长管的漏斗。它会在“漏斗”顶端制造一个小漩涡，将食物吸入体内。这种生物被称为钟虫。

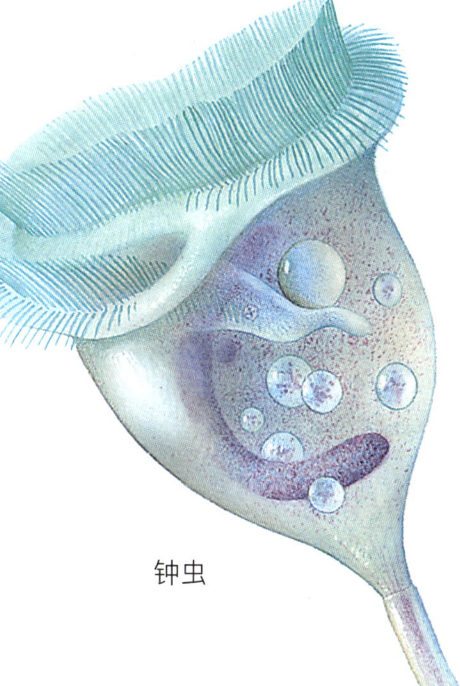

钟虫

池塘中还有另一种生物，叫作变形虫。它看起来像一团果冻，每次移动时都会改变形状。

尽管这些生物微小到只有用显微镜才能看到，但它们是动物世界的重要组成部分。没有它们，许多其他的动物就要挨饿了。

星形生物

什么样的动物会把眼睛和脚长在“手臂”上，吃东西的时候还会把胃推出身体？是海星！

海星的身体皮肤坚韧，形似星星。它的腕通常有5条，有时更多。每条腕的下面都有小管子，这些就是海星的脚，叫作管足。每条腕末端的小红点就是它的眼睛！

当海星找到一个蛤蜊时，它会爬到蛤蜊上面。它的管足像胶水一样粘在蛤蜊壳上，慢慢把壳拉

海星会把蛤蜊的壳拉开，然后把胃伸进壳里消化蛤蜊。

开。不久，蛤蜊壳就会打开一条小缝。海星通过身体上的开口把它的胃推到两瓣蛤蜊壳之间，胃里的消化液会把蛤蜊变成糊状。这样海星就在蛤蜊自己的壳里把它消化了，或者说把它分解了。

如果海星失去了一条腕，它就会长出一条新的！事实上，如果海星被撕成两半，每一半都会长成一只新的海星。

海参

毛茸茸的“饼干”和更多奇妙生物

沙钱

海洋里充满了奇妙的动物。沙钱看起来像一块毛茸茸的饼干，但它其实是一种生活在沙子中的动物。它用许多看起来像小管子的脚移动。人们经常可以在海滩上找到白色的、硬币形状的沙钱骨骼。

海参看起来像是一根黄瓜，但它可不是生长在菜园里的。海参的身体又长又圆，一端是它的触手和嘴巴。这种动物用触手捕捉漂浮在水中的食物，然后依次把每根触手放进嘴里，享受美味的食物。

另一类奇妙的动物看起来像会爬行的插满针的垫子。这类动物叫海胆，是海星的亲戚，但它们长得圆圆的、胖胖的。

“海菠萝”是一类叫作海鞘的动物。大多数种类的海鞘只有一个圆圆的身体，上面有两个像小嘴一样的开口。一张“嘴”吸入水，另一张“嘴”排出水。海鞘以吸入的浮游生物为食。

这个海胆看起来像一个插满针的垫子。它的刺帮助它抵御敌人。

海鞘吸入水，然后将其喷出。

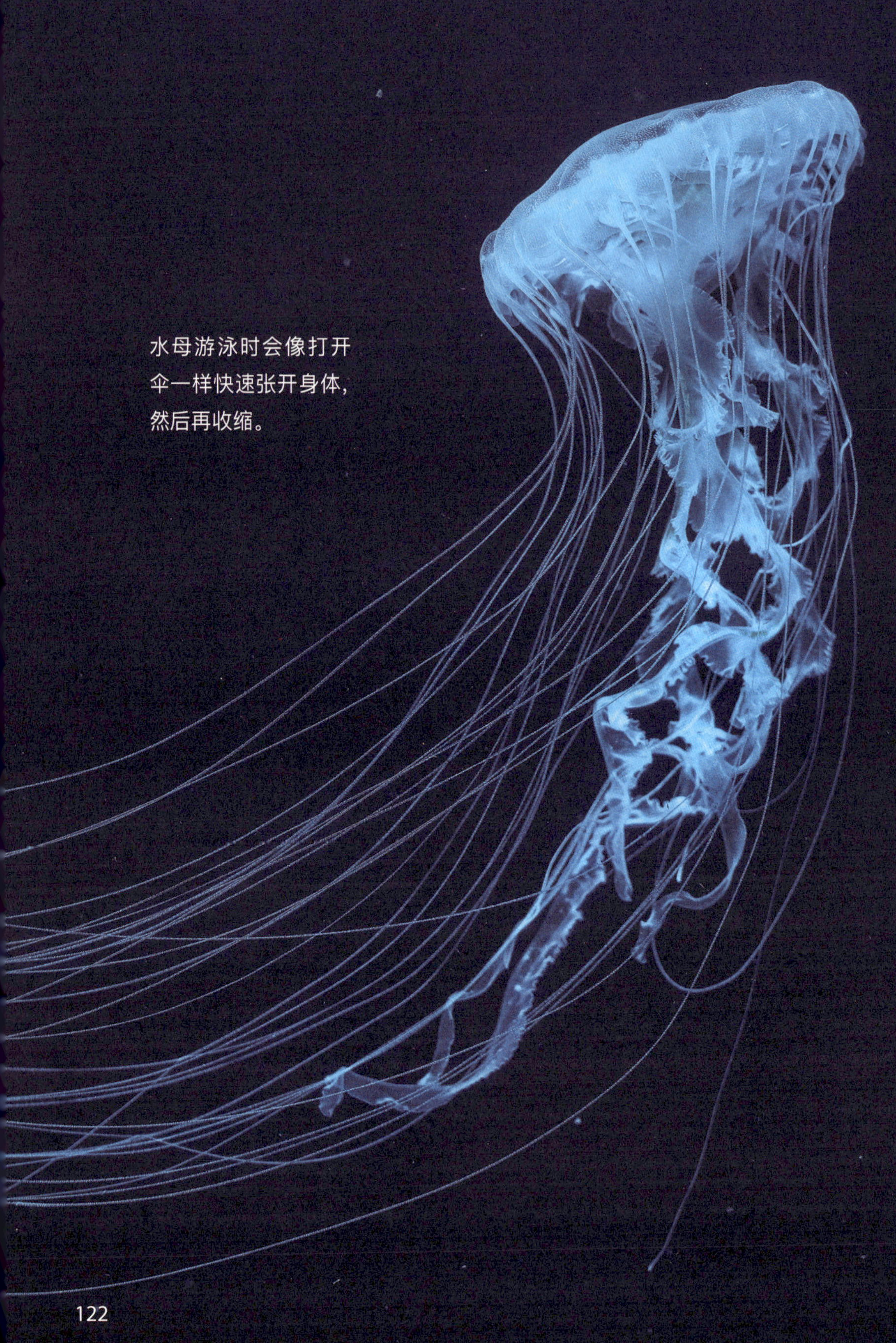

水母游泳时会像打开伞一样快速张开身体，然后再收缩。

优雅但致命

海洋中一些十分优雅的动物对于小鱼小虾来说是致命的。海葵和水母看起来像是美丽的花朵，但是它们会蜇刺猎物并注入毒素。

海葵因看起来像葵花而得名。这种动物生活在海底，通常存在于温暖的珊瑚礁或礁石区的水潭中。海葵可以缓慢移动，但它更喜欢待在同一个地方。

海葵会张开它的触手以捕食小鱼和小虾。这些触手遍布微小的刺细胞。海葵触碰到它的猎物时，会释放出毒液。毒液会使猎物无法动弹，然后海葵就会用它的触手将猎物送入口中。

水母的身体像一把透明的伞，垂着长长的触须。水母的身体主要由水构成，被冲上岸的水母看起来就像一团无色的果冻。

水母通过张开和收缩整个身体来游动。它在四处游动时，会用触手蜇刺并捕捉小动物。

知识小百科

有些人被一种俗称“海黄蜂”的水母蜇伤后，几分钟内就死了。这种水母可见于澳大利亚北部和菲律宾的海岸附近。

海葵

遇见
节肢动物

瓢虫

螯虾

蜘蛛

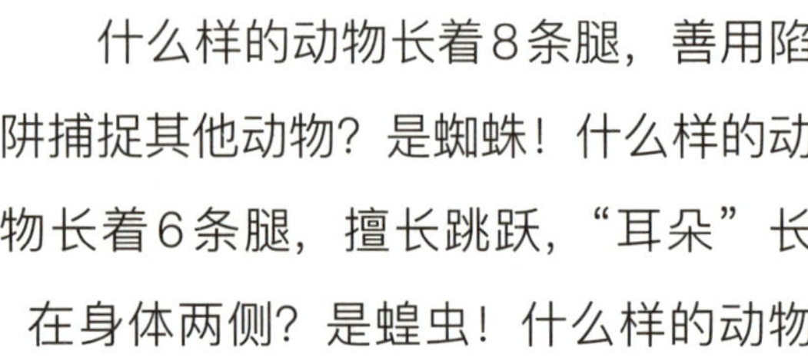

什么样的动物长着8条腿，善用陷阱捕捉其他动物？是蜘蛛！什么样的动物长着6条腿，擅长跳跃，“耳朵”长在身体两侧？是蝗虫！什么样的动物长着10条腿而且擅长“挖隧道”？是螯虾！

世界上有许多种节肢动物。节肢动物的身体分为数节，每节都覆盖着一层外壳。节肢动物的体内没有骨骼，但外壳可以为它们提供保护。体型较大的节肢动物，如龙虾，有厚重的外壳。而体型较小的会飞的节肢动物，如蜜蜂，则有更轻的外壳。

节肢动物无处不在：它们存在于丛林、沙漠、海洋、洞穴、山顶甚至你家的后院。整个夏天你都可以看到它们在蠕动、爬行或飞舞。

如果一种动物有很多条腿，身体又是分节的，那么它很可能就是节肢动物。

蝗虫

昆虫有6条腿，身体分成几节，即头部、胸部和腹部。

它们有6条腿

它们嗡嗡作响，它们四处徘徊，它们悄悄爬行。有些在咀嚼树叶，有些在吸食花蜜，有些在啃咬木头，还有少数在吸血。它们可以像针眼那样小，也可以像成年人的鞋子那么大。它们是什么呢？它们是昆虫！

昆虫几乎生活在所有的地方，从氤氲的丛林、寒冷的高山到干燥的沙漠。不管你住在哪里，你肯定都会看到昆虫嗡嗡飞过、四处徘徊或悄悄爬行。

苍蝇、蚂蚁、蜜蜂、蝗虫、甲虫、蟋蟀和蝴蝶都属于昆虫。像所有其他的昆虫一样，它们都有6条腿。大多数昆虫还有翅膀。

昆虫会做一些令人惊奇的事情。有些昆虫，比如苍蝇，会用它们的脚尝味道。大多数昆虫用两根来回摆动的触角闻气味。有些昆虫没有眼睛，而有些有

知识小百科

蝴蝶和飞蛾是看起来很相似的昆虫。你可以通过下面的方法分辨它们：

大多数蝴蝶在白天飞行，而大多数飞蛾在夜间飞行。

大多数蝴蝶的触角末端膨大，而大多数飞蛾的触角呈羽状。

大多数蝴蝶的身体较为纤细，而大多数飞蛾的身体较为肥胖。

大多数蝴蝶休息时翅膀合拢并竖立于背上，而大多数飞蛾休息时翅膀平展。

5只甚至更多的眼睛。很多昆虫用身体上的绒毛听声音，而有些昆虫的“耳朵”则长在它们的腿上或身体的两侧。

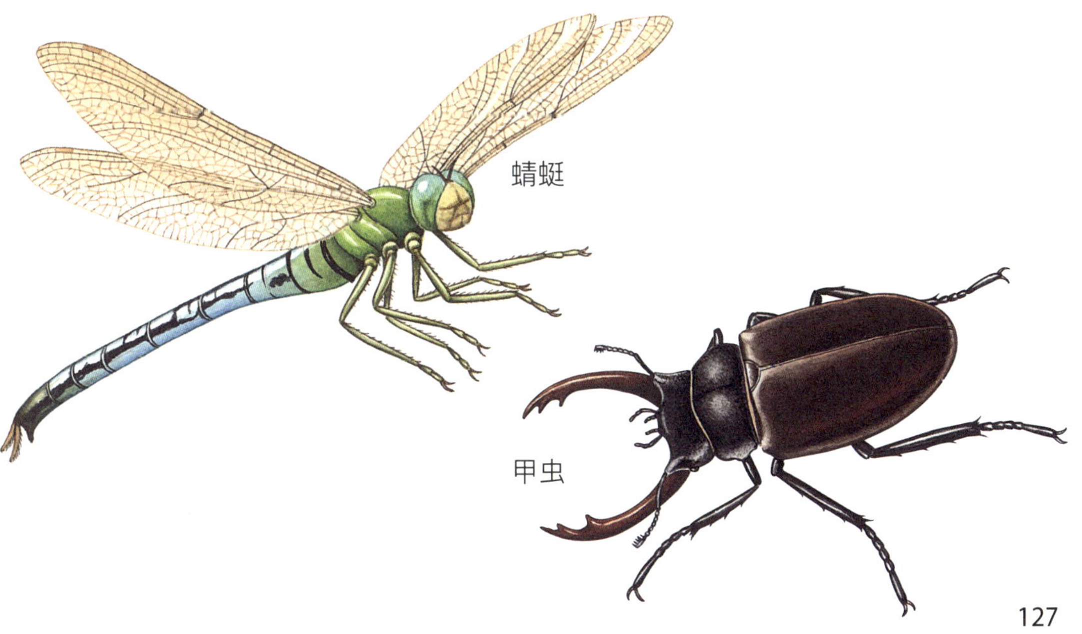

惊人的变化

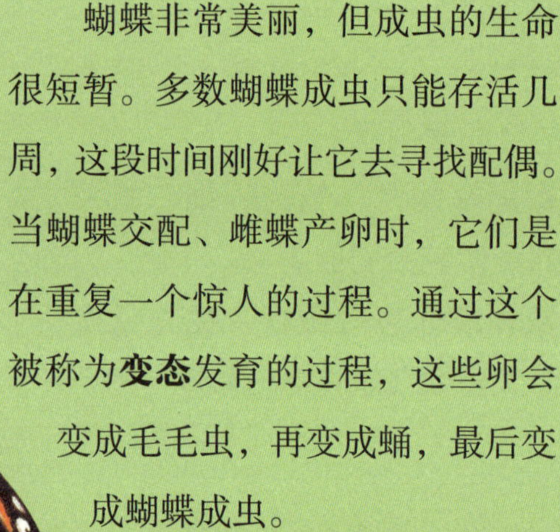

蝴蝶非常美丽，但成虫的生命很短暂。多数蝴蝶成虫只能存活几周，这段时间刚好让它去寻找配偶。当蝴蝶交配、雌蝶产卵时，它们是在重复一个惊人的过程。通过这个被称为**变态**发育的过程，这些卵会变成毛毛虫，再变成蛹，最后变成蝴蝶成虫。

6 蛹壳裂开，一只帝王蝶挣扎着出来。很快，它的翅膀展开，然后就飞走了。

5 毛毛虫蜕皮并形成一个硬壳。此时毛毛虫成了蛹。它会倒挂约12天。在蛹壳内，它正在慢慢改变形状。

1 一只帝王蝶在叶子的背面产卵。
2 大约4天后，这些卵孵化成毛毛虫。每只毛毛虫有16条腿，分布在身体的两侧。
3 饥饿的毛毛虫不停地吃，不停地生长，变得越来越大。每隔一段时间，它的皮肤会裂开，然后长出一层新皮肤。
4 大约14天后，毛毛虫用一团黏丝将自己固定在树枝上。

微小但致命

提到危险的动物时，浮现在你脑海中的是凶猛的鲨鱼，还是饥肠辘辘的狮子？其实你还应该想到另一种危险的动物——你身边普普通通的苍蝇。这是为什么呢？因为苍蝇携带细菌，而有些细菌会引起疾病！

苍蝇

苍蝇会用脚来尝味道。当它们在各种各样腐烂的食物和植物上行走时，脚上会沾染细菌。然后它们降落在新鲜的食物上，就会到处传播细菌。

苍蝇在进食时也会传播细菌。苍蝇只能吃液体食物。它从嗉囊里泵出一种特殊的汁液，将食

一只雌蚊停在一只飞鼠身上，准备吸它的血。

物变成液体。苍蝇可能会吸食含有细菌的食物，这意味着一些细菌进入了苍蝇的嗉囊。如果苍蝇把一些嗉囊液泵到你桌上的糖果表面，细菌就会污染糖果。如果你吃了这些糖果，细菌就进入了你的身体。这可真恶心！

蚊子也可能是一个危险的敌人。雌蚊会吸食人类的血液！它们用长长的口器刺破皮肤，吸取血液，留下一个发痒的蚊子包。有时，蚊子在吸血时会将微小的病原体一并带入血液中。蚊子携带的病原体可能引起严重的疾病。

雌蚊

试一试

有些昆虫对人类有害，有些昆虫对人类有益。你能把每种昆虫和它们的行为对应起来吗？

1 蟑螂	a. 给花卉和蔬菜授粉，酿造蜂蜜
2 蚊子	b. 破坏农作物
3 蜜蜂	c. 叮咬人类并传播疾病
4 棉铃象甲	d. 吃有害昆虫
5 瓢虫	e. 吃掉并破坏家里的食物

答案见第 187 页。

蚂蚁的“城市”

蚂蚁的巢穴就像一个小城市，成千上万只蚂蚁生活在一起。蚂蚁通过在地下挖掘“隧道”和“储藏室”来建造巢穴。有些蚂蚁还会在地上建造土堆，并用树枝覆盖起来。

下一页的图片展示了木蚁巢穴的一部分。如果你仔细观察，就会看到一片繁忙的景象。在蚁穴外部，一群工蚁正在寻找食物。那只有翅膀的蚂蚁是雄蚁，它什么活也不干。

来到蚁穴内部，在顶部的“隧道”中，两只工蚁正合力带回一片碎叶。工蚁将用它修补巢穴。有些工蚁正在准备把蛹搬到另一个地方。每个蛹里都有一只小蚂蚁。当小蚂蚁长大后，它们就会从蛹中出来。

下面的“隧道”里住着蚁后。它比工蚁大得多，一生都在产卵。

蚂蚁的工作方式看起来很聪明，但蚂蚁能集体协作是因为它们的身体能接收到信号，比如气味。不同的气味使蚂蚁做出不同的事情。

知识小百科

有人推测，在数千万年前，蚂蚁的生活方式和现在几乎一样，做着相同的事情。

嗡嗡作响的蜜蜂

一只蜜蜂落在一朵花上。它伸出管状的口器，吸取甜美的花蜜。

当蜜蜂钻进花朵中时，一种叫作花粉的粉末落在它毛茸茸的身体上。这些花粉会在蜜蜂随后拜访其他花时被蹭掉。一朵花通常需要来自其他同种花的花粉来结种子。

蜜蜂会为自己采集一些花粉。它将花粉与少量花蜜混合后，放在后腿上。当蜜蜂满载花蜜和花粉时，它就会飞回蜂巢。

一些工蜂会接收花蜜和花粉。经过一段时间后，花蜜会变稠，成为蜂蜜。

蜂巢内有成千上万个小“房间”，叫巢室。有些巢室里装满了蜂蜜或花粉，这是蜜蜂的食物。有些巢室里有卵。还有些巢室里有被蛹包裹着的小蜜蜂，这些年幼的蜜蜂正在变成成年蜜蜂。

蜂巢内部有成千上万个巢室。这里展示的一些巢室里装满了蜂蜜。

这只蜜蜂的腿、身体和触角上都沾上了花粉。

狼蛛

用 8 条腿爬行

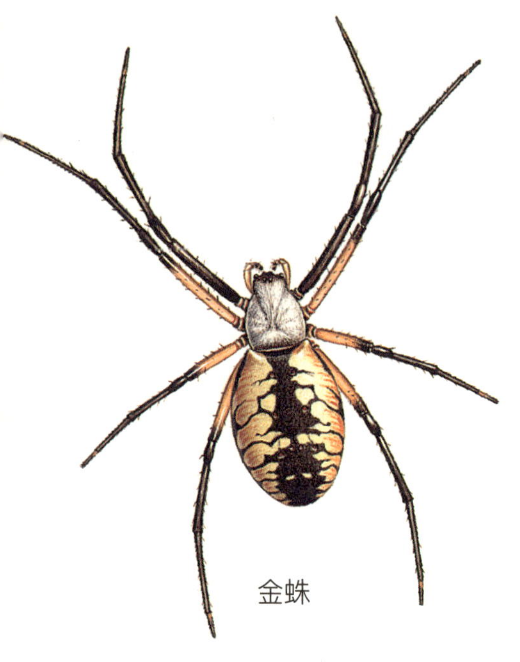
金蛛

许多人看到蜘蛛时会不寒而栗。大多数蜘蛛其实是无害的，有些甚至是有益的。

那么蜘蛛是如何帮助人类的呢？它们吃许多种有害的昆虫。它们吃掉破坏农作物的蝗虫，还捕捉传播疾病的苍蝇和蚊子。

许多人认为蜘蛛是昆虫，但它们其实不是。昆虫有翅膀、触角和6条腿。蜘蛛没有翅膀和触角，而且有8条腿，它们属于**蛛形纲动物**。

蝎子是蜘蛛的近亲。蝎子生活在温暖的地方。蝎子像蜘蛛一样有8条用来

试一试

你觉得你对蜘蛛有多了解呢？试试这个测验吧！

1. 哪种无害"蜘蛛"严格来说并不是蜘蛛？
2. 哪种毒蜘蛛腹部有沙漏形的红色斑块？
3. 哪种毛茸茸的大型蜘蛛有时会被当作宠物饲养？

a. 狼蛛

b. 盲蛛

c. 黑寡妇蜘蛛

答案见第 187 页。

爬行的腿。但有些蝎子不会产卵，小蝎子直接从母体内生出来，然后爬到雌蝎背上，随着它四处移动。

蝎子会用它的钳子抓住猎物，然后将猎物拉进嘴里啃咬。有时，蝎子会用毒刺杀死猎物。毒刺是蝎子尾部尖锐、弯曲的刺。有些蝎子的毒刺对人类来说有一定的危险。

蝎子正在吃猎物。

跳蛛

织网能手

许多种类的蜘蛛都会用网捕捉飞虫。大多数蜘蛛都会织独属于它们的网，有的又小又黏，有的又大又密。园蛛用从中心向外伸展的丝线织网，看起来井井有条。黑寡妇蜘蛛织的网则杂乱无章。草蜘蛛织的网就像一张小床单。

蜘蛛网是用蜘蛛体内分泌的丝制造的。蛛丝本来是一种液体，当它接触到空气时会形成又细又坚韧的丝线。蜘蛛织完网后，会待在网中或躲藏在附近。被困在网中的昆虫在挣扎时会晃动蛛网，这告诉蜘蛛大餐已经准备好了！

有些蜘蛛有其他的捕食方式。狼蛛和猫蛛会追逐昆虫。跳蛛则会跳到昆虫身上来捕捉它们。有些蜘蛛甚至喜欢“钓鱼”！它们会在溪流或池塘旁等待，捕捉游过的水生昆虫。

这只捕鱼蛛正在捕食。

这只雌性园蛛等待猎物闯入它的蛛网。

试一试

你可以这样来画出一个简单的蛛网。首先，画一个五边形。然后，找到它的中心，从中心画一些延伸到边和顶点的线，就像车轮的辐条一样。最后，用线连接这些“辐条”，直到画出你的圆网为止！

1

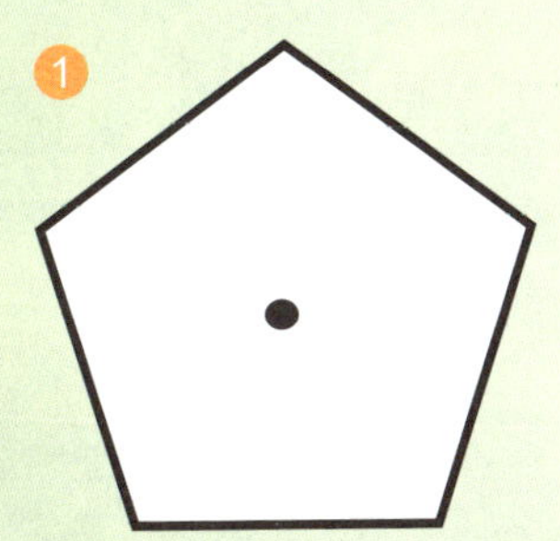

2

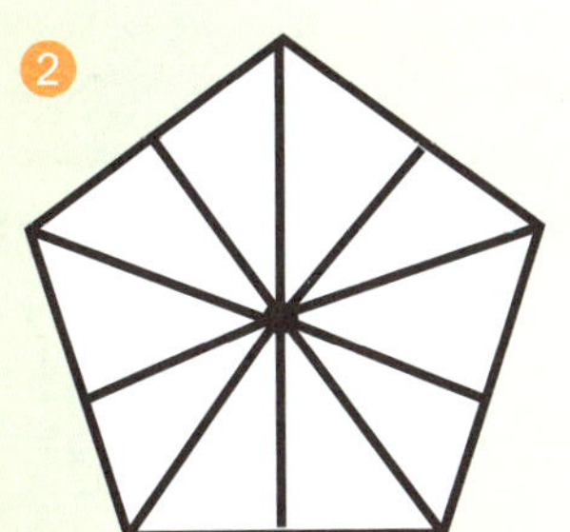

3

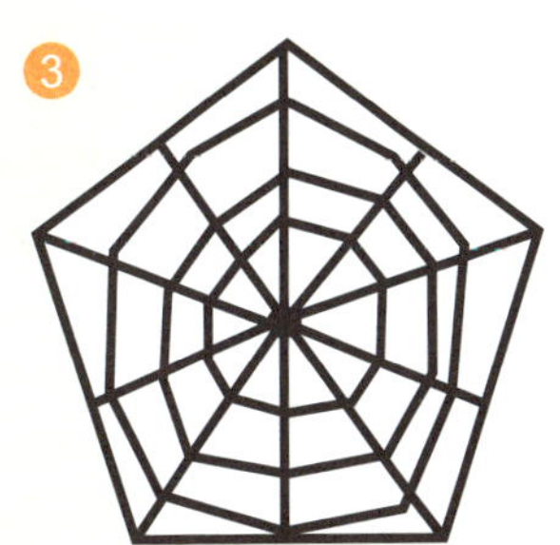

海洋中的节肢动物

欧洲螯龙虾

许多种类的节肢动物生活在海洋中。龙虾、虾、螃蟹和藤壶都是生活在海洋中的节肢动物，它们被称为甲壳类动物。这个名字说明它们是有壳的动物。例如，龙虾身体的每个部分都覆盖着一层像盔甲的硬壳。

甲壳类动物大多生活在水中，可以像鱼一样用鳃呼吸。

龙虾用它们10条腿中的8条在海底行走。另外2条则像手臂一样，末端各有1个看起来很凶猛的钳子。

虾看起来像小号的龙虾。有些种类的虾非常小，只有用显微镜才能看到。

螃蟹拥有扁平的身体。它的尾巴藏在身体其他部分的下面。螃蟹不是向前走的，而是在海滩上或海底快速横着走。

藤壶是附着在岩石上或船底的甲壳类动物。它们把自己关在壳中，只把蔓肢伸出来。它们通过摆动蔓肢摄入在水中漂过的食物。

红色的锯齿双鞭虾

在泥滩上觅食的招潮蟹。

墨西哥鼹蜥

奇妙的动物

你知道有会产卵的哺乳动物吗？你知道有长着小短腿的粉色蜥蜴吗？你知道有可以在陆地上行走的鱼吗？地球上有无数种动物，其中有一些真是非常奇妙。

鸭嘴兽和针鼹是哺乳动物，但它们身体的某些部分都有点像鸟类。鸭嘴兽看起来像河狸的身体上长出了鸭子的喙和脚，而针鼹看起来像有着尖喙的豪猪。雌性鸭嘴兽和针鼹会像其他雌性哺乳动物一样分泌乳汁，但它们也会像雌性鸟类一样产卵。

一种叫作墨西哥鼹蜥的粉色蜥蜴看起来像是长了腿的蠕虫。它用两只小小的前腿爬行、挖洞。攀鲈是一种生命力顽强、能在地面上移动的鱼，它能通过摆动鳃盖、胸鳍以及翻身等动作爬越堤岸、坡地。

往下看吧，你能读到更多关于奇妙动物的信息。

人们曾一度认为攀鲈能够爬树，但没有证据证明这是事实。

针鼹

厘米 0 1 2 3 4 5 6 7 8 9 10 11 12 13

大与小

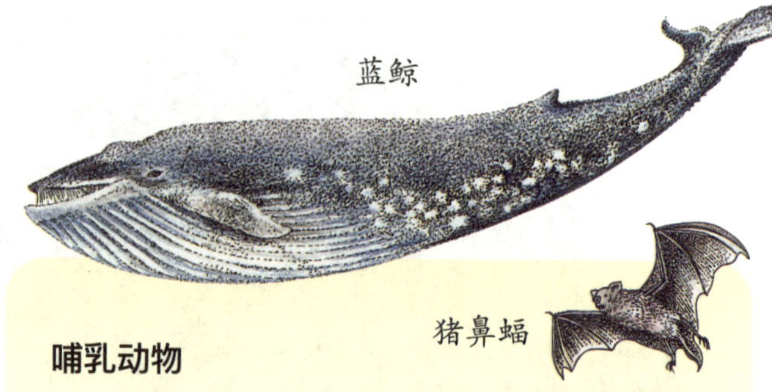

哺乳动物

猪鼻蝠是最小的哺乳动物。它和黄蜂差不多大，体长不到2.5厘米。蓝鲸是最大的哺乳动物。它的体长相当于5头大象排成一行或者100把上面的尺子连在一起那么长。蝙蝠和鲸鱼都是哺乳动物，狗也是。

鸟类

吸蜜蜂鸟是最小的鸟。它的体长约为5厘米。

鸵鸟是最大的鸟。它比成人还要高。它的高度相当于8把上面的尺子摞在一起那么高。鸵鸟和蜂鸟都是鸟类，麻雀也是。

守宫

爬行动物

印度西部有一种守宫长约3厘米，小到可以在汤匙里小憩。网纹蟒是最长的爬行动物之一。它的长度相当于6辆自行车排成一行或30把尺子连在一起那么长。守宫和蟒蛇都是爬行动物，乌龟也是。

节肢动物

螨虫是体型很小的节肢动物。最小的螨虫比这个句子后面的句号还要小，只有用显微镜才能看见。甘氏巨螯蟹是最大的节肢动物之一。它张开钳子时，跨度可以达到约4米，相当于13把尺子连在一起那么长！螨虫和蟹都是节肢动物，蚂蚁也是。

螨虫

鱼类

倭虾虎鱼是最小的鱼之一，长约1厘米。

鲸鲨是最大的鱼。它和1节火车车厢的长度差不多，相当于50把尺子连在一起的长度。虾虎鱼和鲸鲨都是鱼类，金鱼也是。

两栖动物

伊比利亚山蛙是最小的两栖动物之一。它和1枚小硬币差不多大，长约1厘米。

大鲵是最大的两栖动物。它有1辆自行车或5把尺子连在一起那么长。蝾螈和蛙都是两栖动物，蟾蜍也是。

注意：这两页的插图并没有按照实际比例绘制。

动物的盔甲

如果你看到一只穿山甲，你可能会说它看起来像是一个长了腿和尾巴的松果。

穿山甲是一种用盔甲保护自己的动物。它身上覆盖着鳞片，看上去像松果上的鳞片，不过要大得多。

当穿山甲感觉到危险时，它会把自己蜷缩成一个球。它把头塞到腿间，用尾巴盖住腹部。它会把边缘锋利的鳞片竖起来，这样即使是老虎也不敢直接咬穿它。

当刺鲀受到惊吓时，它会让身体充满水，使它的刺竖起来。

刺猬的刺短而锋利，可以警告其他动物离它远点。

犰狳是另一种有盔甲的动物。犰狳出生时皮肤柔软，但是在成长过程中，它的皮肤逐渐变硬。骨质盔甲覆盖了犰狳大部分的身体。犰狳通过蜷缩成一个坚硬的骨质球体来保护自己，即使是狼也会觉得无从下口。

豪猪、刺猬、刺鲀和海胆也穿着盔甲。它们的身体有着锋利的刺，防止被其他动物撕咬。这些动物跑不快，也不善于战斗，穿上盔甲可以保护它们的安全。

当穿山甲受到惊吓时，它会把自己蜷缩成一个球。

知识小百科

犰狳的英文名称 armadillo 意为“带有盔甲的小东西”。这张图片中是一只九带犰狳。你能看到它那9条狭窄的骨板吗?

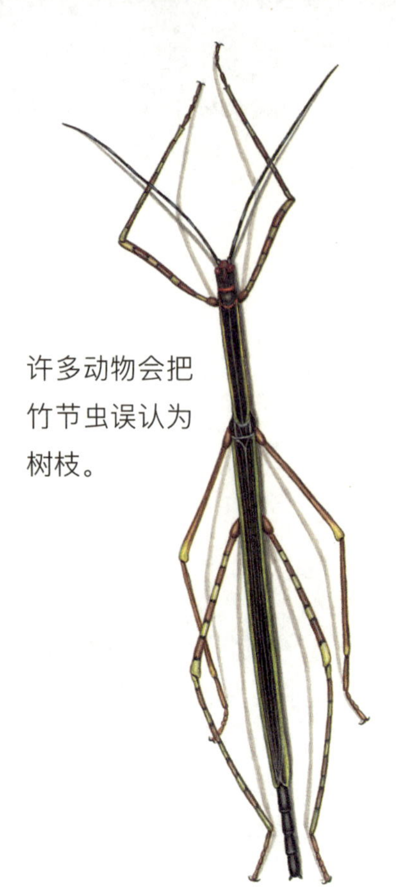

许多动物会把竹节虫误认为树枝。

动物伪装者

在动物的世界里，要么吃，要么被吃。为了躲避**捕食者**，一些动物会以巧妙的方式隐藏自己或者干脆伪装成其他东西。

一片叶子上的绿色蝗虫、树皮上的棕色蜥蜴很难被看到。它们的颜色使它们在栖身之所中不易被发现。一些昆虫是捉迷藏的专家。它们身体的形状可能很像叶子或树枝，甚至像鸟粪。这些融入背景的方法使得它们难以被发现，从而安全地躲避捕食者。

这条蛇正在装死。

有很多蝴蝶都通过鲜艳的颜色保护自己。帝王蝶对鸟类来说味道很差，鸟类会被它鲜艳的颜色所警告而离开。有一种蝴蝶叫总督蝶，它的味道并不差，但它看起来非常像帝王蝶，所以鸟类通常也不会理睬它。

还有些动物是演员——它们欺骗捕食者使其离开。当澳洲伞蜥受到惊吓时，它会展开脖子周围的一大片皮肤并张大嘴巴，于是这只又小又无害的蜥蜴突然看起来又大又危险。负鼠和东部猪鼻蛇在感到危险时会躺着装死。

这些动物能否很好地藏身或“表演”，通常决定了它们是能找到食物还是自己变成食物！

澳洲伞蜥看起来很吓人，但它实际上又小又无害。

成群结队更安全

一群狒狒在非洲的草原边缘觅食。每只狒狒时时刻刻都在观察和聆听。说不定一只狮子此刻正悄悄地穿过草丛向狒狒群靠近！

如果一只狒狒看到或听到什么，它会发出响亮的叫声，听起来像是有人在喊“哈！”。然后所有的狒狒都会赶紧爬到树上。因为一只狒狒发出了警告，所有的狒狒都能保证自身的安全。

有些动物成群结队地生活在一起，这使得它们更加安全。落单的动物可能看不到或听不到向它靠近的敌人，但是如果有很多动物一起观察，那么其中一只察觉到危险并警告其他动物的可能性就变大了。

成群的狒狒、斑马、羚羊和鹿在感到危险时会逃跑。不过，有时一整群动物会与敌人战斗。

有时候，最安全的地方就是在群体中。成群结队更安全！

这群狒狒看起来都很放松，但每只狒狒其实都准备着在必要时告知其他狒狒有危险。

这只蛙正在准备放声鸣叫。

唱歌与跳舞

你在夏天的夜晚见过萤火虫闪烁吗？如果你见过，那你就看到了雄性萤火虫在寻找伴侣的场景。雄性萤火虫通过发出闪烁的光吸引雌性。动物用各种东西吸引伴侣，包括光、色彩斑斓的羽毛和食物。

澳大利亚的雄性缎蓝园丁鸟会用草和树枝搭建“房子”。它用色彩明亮的石头、花朵和种子装饰自己的巢。当雌鸟靠近时，雄鸟会展开翅膀并跳舞。

有些动物会用“歌声”吸引伴侣。蟋蟀和蝗虫通过摩

擦翅膀发出响亮的声音。许多蛙和蟾蜍会鼓起下巴下侧的声囊，这使得它们的叫声特别响亮。

有些动物使用香味吸引伴侣。雌性蚕蛾会释放出气味甜美的化学物质来吸引雄性。

对一些雌性动物来说，食物是充满爱意的礼物。雄性燕鸥会抓一条鱼献给雌性。雄性盗蛛在交配前会给雌性献上一只自己捕获的苍蝇。

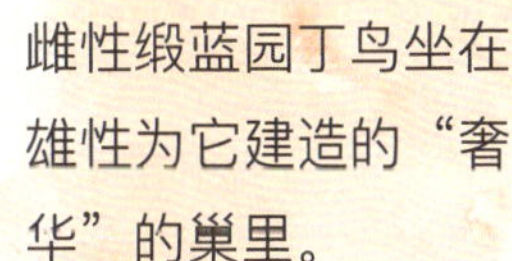

雌性缎蓝园丁鸟坐在雄性为它建造的“奢华”的巢里。

蝗虫通过摩擦自己的翅膀“唱歌”，盼望着“歌声”能为自己吸引到伴侣。

警告！

你有没有想过，当动物发出啾啾、吱吱、喵喵或者汪汪的叫声时，它们在“说”什么？

动物发出声音有时是为了寻找伴侣，有时是为了寻求帮助或者发出危险警告。一头受伤的海豚会发出高亢的啸叫声来引起其他海豚的注意。闻声而来的海豚会用背部和鳍状肢把受伤的海豚托举到水面附近，以便它可以呼吸。

有些动物不用声音就能“交谈”。鹿和许多其他动物会把特殊的气味蹭在树木或者灌木上来标记它们的领地。有些雄鹿面部的腺体会释放出一种气味，警告其他雄鹿远离这里。

小心！有动物在附近。雁拍打翅膀，发出嘎嘎声。这会把其他动物吓跑。

很多动物会使用特殊的叫声相互交流，狼是其中之一。

还有些动物通过改变身体姿势进行交流。每当来自同一家族的两只狼相遇时，它们会用身体姿势展示哪只狼拥有更高的地位。地位高的狼会站直，把尾巴往上翘，耳朵指向前方。地位低的狼则会蹲伏下来，把尾巴夹在腿间，耳朵放平。

一只兔子通过拍打地面警告其他兔子有危险。

一只地松鼠向其他地松鼠发出啸叫声，告诉它们上空有鹰在盘旋。

牛椋（liáng）鸟站在黑犀牛（上图）和长颈鹿（下图）等动物的身上。它们以叮咬这些哺乳动物的昆虫为食。

动物搭档

饥饿的鳄鱼通常会试图吃掉靠近它们的鸟类，但有一种鸟可以安全地在鳄鱼之间穿行。事实上，这种鸟甚至可以在鳄鱼的巢穴中产卵！

一种叫作水石鸻（héng）的鸟会吃掉骚扰鳄鱼的昆虫。水石鸻轻松地获取了食物，鳄鱼也变得更舒服了。所以这种鸟实际上是在帮助鳄鱼。或许这就是鳄鱼不伤害它的原因。

一种叫作医生鱼的小鱼帮助了许多其他

鱼类。细小的寄生虫经常附着在鱼身上，导致鱼身体生疮。当这种情况发生时，“患者”就会去有医生鱼生活的珊瑚礁。这些娇小的医生鱼会在“患者”身上四处寻找并吃掉寄生虫。

一种叫鳑（páng）鲏（pí）的鱼会与某些淡水蚌类合作。雌性鳑鲏在蚌中产卵。当小鱼离开蚌壳时，蚌的幼虫会附着在小鱼的身体上。当蚌的幼虫长大后，它们会离开鱼，沉入池塘或河流的底部。蚌为鱼提供了一个安全的产卵场所，而鱼则帮助蚌将幼虫沿着池塘或河流的底部四处扩散。

水石鸻、医生鱼和鳑鲏都从它们帮助的动物那里收获了回报。有的消灭了讨厌的害虫，获得了食物作为奖励；有的则是通过互相帮助更好地繁殖。

医生鱼在清洁一条海鳝。

整个冬天，土拨鼠都在地下的家中睡觉。

冬眠

每到秋天，土拨鼠都会大量进食。之后，它们把自己蜷缩成一个球，然后在地下的家中睡觉。但土拨鼠睡的这一觉与你的睡眠可不同。土拨鼠的心跳和呼吸都会减慢，甚至接近停止。它们的身体也会发生变化。大多数时候，土拨鼠的身体是温暖的，因为它们是温血动物。但在进入长时间的冬眠前，土拨鼠的身体会变冷。当它们入睡时，它们的身体靠秋天额外摄入的食物来提供能量。

一群瓢虫聚集在一个隐蔽的地方冬眠。

土拨鼠的这种睡眠被称为冬眠。地

一条蛇在地下冬眠。

松鼠、蝙蝠和其他一些温血动物也会冬眠。

蛇、龟、蛙、蟾蜍和瓢虫以不同的方式冬眠。蛇是冷血动物，它的身体和四周的空气一样温暖或寒冷，因此当天气变冷时，蛇的身体也会变冷。蛇会爬进洞里取暖，但随着天气进一步变冷，蛇的身体会变得僵硬，它的心跳和呼吸几乎会停止。

当春天到来时，土拨鼠和其他冬眠的温血动物会醒来。蛇也会暖和起来，爬出洞穴。世界将再次充满生机！

动物在迁徙

当冬天到来时，许多动物会很难找到食物，所以它们会提前飞着、走着、跑着或游着前往更温暖的地方。当春天来临时，它们又飞着、走着、跑着或游着回来。这种随着季节变化而从一个地方移动到另一个地方的行为，被称为迁徙。

家燕、帝王蝶、瓢虫、驯鹿、鲸鱼、鲑鱼和旅鼠只是迁徙动物中的一部分。

鸟类迁徙时，往往会飞很长的距离。有时它们会跨越海洋和大陆。当春天来临时，它们会迁徙回来。有时它们甚至会回到上一年夏天使用过的同一个巢。

驯鹿成群结队地迁徙，寻找食物。

知识小百科

鲑鱼不像许多其他动物那样为了寻找食物而迁徙。鲑鱼会从海里一路长途跋涉到河流上游产卵。就像这里画的鲑鱼一样，它们逆流而上，令人惊叹地跳出水面以越过瀑布。当它们到达一个安静且水较浅的地方时，它们就会产卵。这被称为产卵洄游。

在秋季，北美洲的驯鹿会离开它们在北部的夏季栖息地，开始大群向南迁徙，踏上危险的旅程。而在接下来的春天，它们将再次向北迁徙。

旅鼠是一种生活在亚欧大陆北部的小型哺乳动物。它们有时也会迁徙。当食物充足时，旅鼠会繁殖出很多幼崽。而当食物耗尽时，它们就会迁徙。有时它们会沿着道路、穿过城镇来寻找食物。

每种动物都是自然界中食物链的一部分。

食物链

一片青草在风中摇曳。一只毛茸茸的兔子蹦蹦跳跳地跑过来，准备啃食青草。当兔子奔跑时，一只猫头鹰从它头顶上方俯冲下来。如果猫头鹰抓住了兔子，它会飞走以享用它的猎物。饱餐一顿后，猫头鹰会将兔子剩下的身体留在另一片草地上。兔子的身体将滋养那里的土壤。

动物之间的杀戮和捕食可能看起来很残忍，但这是野生动物互相帮助和保持自然平衡的一种方式。青草、兔子和猫头鹰都是自然界中一个重要系统的组成部分，这个系统叫作**食物链**。

阳光在这里起到了重要作用。植物是食物链中的初级**生产者**，它们利用阳光、水和空气生成维持生存和生长所需的能量与有机物。

以植物为食的动物是食物链中的另一个环节，它们是**消费者**。以植食性动物为食的肉食性动物也是消费者。兔子和猫头鹰都是消费者。

被称为**分解者**的微小生物也是食物链的一部分。它们将死去的植物和动物分解成各种物质，这些物质为植物赖以生存的土壤提供了养分。

每当你吃下一个汉堡包或一个金枪鱼三明治时，你也成了食物链的一部分。

大自然的清洁工

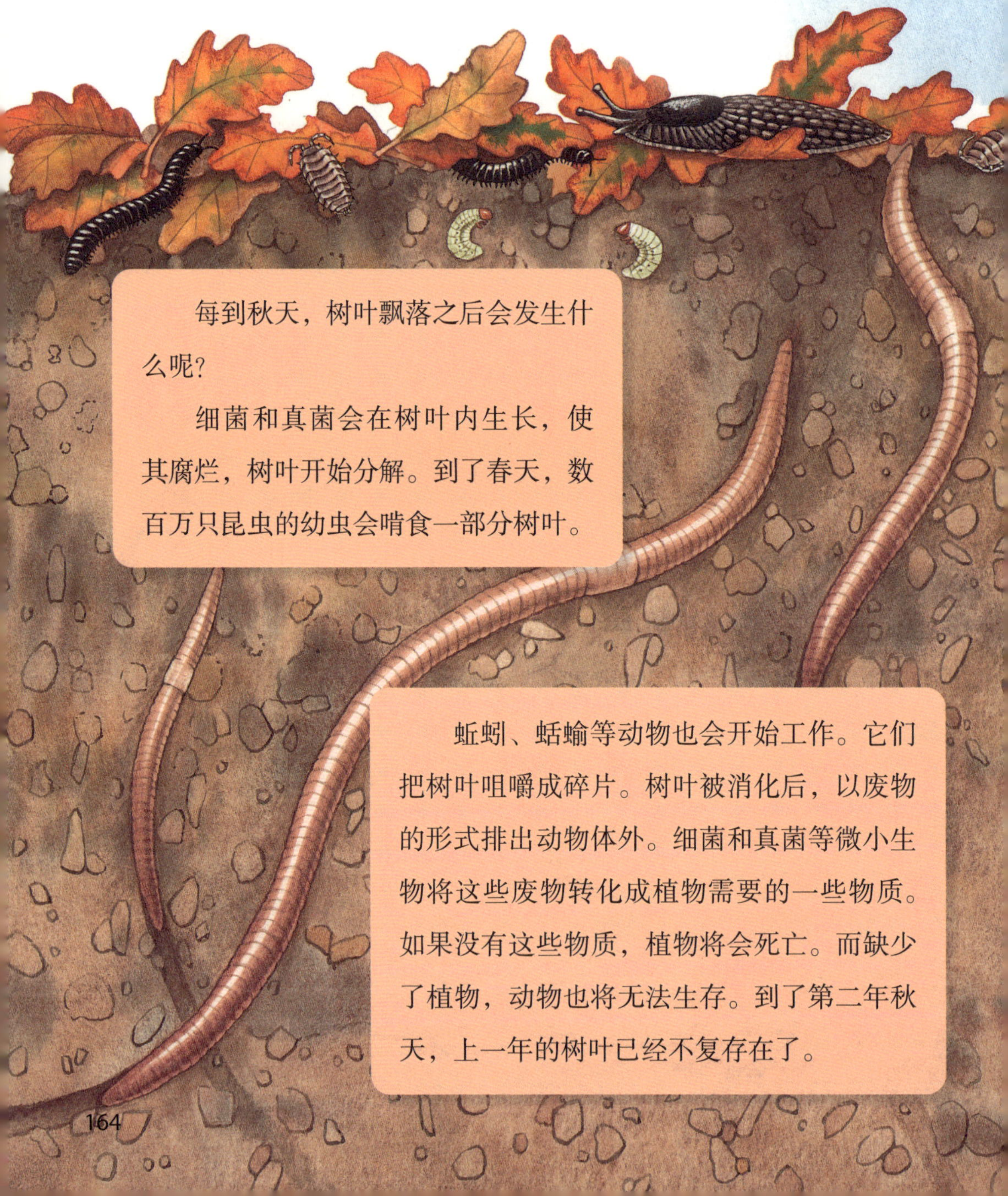

每到秋天，树叶飘落之后会发生什么呢？

细菌和真菌会在树叶内生长，使其腐烂，树叶开始分解。到了春天，数百万只昆虫的幼虫会啃食一部分树叶。

蚯蚓、蛞蝓等动物也会开始工作。它们把树叶咀嚼成碎片。树叶被消化后，以废物的形式排出动物体外。细菌和真菌等微小生物将这些废物转化成植物需要的一些物质。如果没有这些物质，植物将会死亡。而缺少了植物，动物也将无法生存。到了第二年秋天，上一年的树叶已经不复存在了。

细菌和真菌也会分解死亡的动物。它们将动物的尸体分解，并将养分释放到土壤中供植物使用。

一些有掩埋行为的甲虫，比如覆葬甲，会吃掉死去的动物。此外，它们还会做些其他的事情。它们会在尸体下挖洞，使得尸体慢慢沉到更深的地方，直到被完全埋起来。雄性和雌性甲虫会随着尸体一起被埋在土中。雌性甲虫在尸体上产卵，当卵孵化后，幼虫会吃掉尸体剩下的部分。

许多动物以死去的生物为食。秃鹫在清理狮子留下的猎物尸体。

濒危动物

中亚眼镜蛇曾因它们的肉和皮而被过度捕捉。

几百年前，一种叫作渡渡鸟的鸟生活在印度洋的一个岛屿上。但人们为了食物而大量捕猎它们，并引入了许多入侵物种与其形成竞争，现在渡渡鸟已经不复存在。如今，北极熊、犀牛和许多其他动物的数量正在下降，甚至已经濒临灭绝。这是为什么？

- 它们的家园正在被摧毁。
- 人们为了获取它们的毛、角、皮和肉而猎杀它们。
- 有些动物被当作宠物出售，有些动物仅仅因为人们认为它们是有害的动物而被杀害。
- 污染杀死了它们。
- 越来越多的人挤占了动物的栖息地，抢占了土地和食物。
- 人们将新动物引入栖息地，破坏了自然平衡。

除非人们努力拯救它们，否则许多其他动物将会像渡渡鸟一样灭绝。

黑犀牛曾因它们的角而被过度猎杀。

绒毛蜘蛛猴正在失去它们的雨林家园。

现已灭绝的渡渡鸟体型与大火鸡相当。它的翅膀很小，小到无法飞行。

它们为什么会消失？

就像你在长大的过程中样貌会变化一样，这个世界和生活在其中的生物也在不断变化。大多数科学家认为地球在过去已经发生过多次变化，地球上曾经生活过许多种动物。

地球上曾经有过像房子一样大的、身披鳞片的爬行动物，曾经有过体型比猫还小的马。而且，在很久很久以前，陆地上没有任何动物，所有的动物都生活在海洋中。

恐龙是非常重要的动物，它们统治地球的时间超过了1亿年。它们在巨大的沼泽地里打滚，在炎热潮湿的森林中徘徊。

暴龙是一种体型巨大的肉食性恐龙。

喙嘴翼龙是一种会飞的爬行动物。

然后发生了一些事情，所有的恐龙都死了，而我们至今也没有完全弄清楚恐龙究竟为什么会灭绝。

有些科学家认为地球在当时遭到了一颗巨大的、来自太空的小行星的撞击，这次撞击导致了恐龙的死亡。有证据表明，这次撞击发生的时间与恐龙灭绝的时间大致相同。

有些科学家认为，大规模的火山爆发可能导致了恐龙灭绝。

也许所有这些因素，以及我们不知道的其他因素，导致了恐龙和许多其他种类的生物的灭绝，但目前仍有许多问题有待解答。

腕龙是一种体型巨大的植食性恐龙。

是否有幸存者?

当然，恐龙还活着的时候，地球上还没有人类。那么我们如何了解恐龙和远古时期的其他动物呢?

有些时候，恐龙的尸体倒在了泥泞的地面上。它身体上柔软的部分腐烂了，但骨头被泥土覆盖而没有腐烂。经过了许多许多年，骨头和泥土都变成了岩石，保留了完整的形态。再经过了许多许多年，阳光和雨水侵蚀了周围的岩石，留下了恐龙骨头所形成的岩石，这些变成岩石的骨头就被称为化石。

科学家们不断寻找这样的化石，并将它们从地下挖出来。通过研究化石，他们可以知道已经灭绝的动物长什么样，可以通过它牙齿的形状判断它活着的时候吃什么，甚至可以判断它的视觉、听觉和嗅觉是好是坏。

腔骨龙

巨鹭

巨鹭看起来有点像一种恐龙——腔骨龙。

当今世界上有一些生物看起来和远古动物的化石十分相似。通过研究这些生物，科学家们可以更好地了解远古时期地球上的生命。这一页展示了两种和远古动物看起来相似的动物。

母狮看起来有点像剑齿虎，后者是一种在大约1万年前灭绝的动物。

改变的可能

恐象

恐龙并不是唯一灭绝的史前动物。数百万年前，许多类似现生大象的动物在地球上游荡。在漫长的演化历史中，这些生物努力适应不断变化的环境。例如，它们根据可获取的食物种类演化出了不同类型的鼻子和獠牙。但有时，其中一些动物无法足够快地适应环境的变化，一旦发生这种情况，它们就灭绝了。

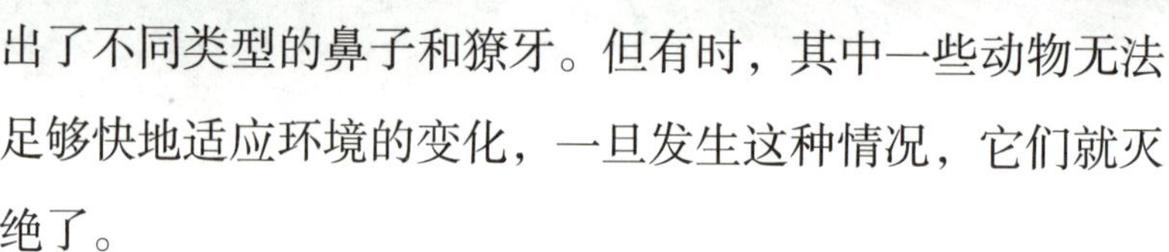

始祖象是第一批长得像现生大象的动物之一。它生活在大约5 000万年前。始祖象没有长鼻子也没有獠牙，大约和猪一样大。

始祖象

恐象生活在距今2 400万至200万年前，它有从下颌长出的向后弯曲的獠牙。铲齿象与恐象大致生活在同一时期，它的下颌长有像铲子一样的巨大牙齿，可能是用来铲断水生植物的。

猛犸象生活在距今500万至1万年前。它的体型非常大，它的獠牙与现生大象的獠牙相似。生活在冰河时代的猛犸象身上长有长毛，这能帮它抵御极端的严寒。

如今，大象可分为两类：非洲象和亚洲象。亚洲象也被称为印度象。在100万年以内，这些动物和许多现存的动物都可能会消失，当然也可能会出现许多新的物种。

非洲象

猛犸象

一些工厂通过烟囱排放的烟雾中含有有害化学物质。

人类如何影响动物？

世界各地每天都有人诞生。人们需要食物，也需要一个地方生活和工作。人类不断地扩张生存空间，建造农场、工厂、住宅和道路。他们砍伐森林，为农作物、房屋和道路腾出空间。每当这种情况发生时，动物赖以生存的家园就会被破坏。当人们用有害化学物质或垃圾污染河流、湖泊和森林时，动物的栖息地也会被毁坏。

当水鸟在被石油污染的水中游泳时，它们会沾上油污而淹死。

热带雨林是许多动物和植物的家园。但是，因为人们采集木材、矿物和其他材料，每年都有大片热带雨林遭到破坏。

科学家和其他有关人士担心，如果更多的雨林被毁坏，成千上万的动植物物种将惨遭灭绝。

知识小百科

亲近大自然很有趣，但请不要让你的快乐建立在破坏动物的家园的基础上。请遵循这些简单的原则：

1. 不要采摘野花。
2. 不要拿走动物的卵。
3. 请走在道路上，不要践踏草坪。
4. 不要生火。
5. 一定要把垃圾带回家。

美洲野牛曾经在北美洲的许多地方悠闲地散步，但是由于人类的狩猎活动，它们的数量已经很少了。

猎人为了犀牛角而猎杀犀牛，只留下了这些残骸。

过度捕猎

鬣狗、鹰、狐狸、蛙、蜘蛛、蛇、狮子、蜥蜴、海豚、蜻蜓，以上这些动物都是猎手，它们靠捕猎和杀死其他生物获取食物。有些人认为这种杀戮很残忍，但这可以保持自然的平衡。

人类也是猎手，许多人狩猎是为了食物、娱乐。在一些情况下，人类的狩猎活动不会破坏自然平衡。在许多国家，法律只允许人们捕猎数量较多的动物。

但有些猎人会杀死老虎、豹子、鳄鱼和其他珍稀动物以获取它们的毛皮或皮。他们将动物的毛皮或皮卖给制作外套、鞋子、皮带和钱包的公司。猎人杀死犀牛是为了得到它们的角，杀死大象是为了获取它们的象牙，他们为了赚钱不断地杀死这些动物。在世界上的许多地方，这些动物都正因人类的狩猎活动而濒临灭绝！

濒临灭绝的动物

世界各地有许多动物濒临灭绝，这张图只展示了其中的冰山一角。

加州神鹫

这种大型鸟类需要大片山区作为它的栖息地，但人们正在破坏它的家园。这种鸟被过度猎杀，它的卵被人们当作食物。

（北美洲）

美洲鹤

它每年都会迁徙，但人类已经占据了它原来的栖息地。如今，成年美洲鹤的数量非常少，在不远的将来可能就没有多少新生的美洲鹤了。

（北美洲）

绿海龟

它一生中大部分时间都生活在海里，但人们为了吃它的卵和肉而捕猎它。

（南太平洋）

帝鹦鹉

它生活在热带岛屿的森林中，但人类正在破坏它的栖息地。许多帝鹦鹉被非法捕获并作为宠物出售。

（南美洲）

知识小百科

根据科学家的评定，动物可以被划归为数个保护级别，以下是对其中一些保护级别的说明。

极危： 这意味着一种动物在野外面临着极高的灭绝风险。极危动物包括恒河鳄、墨西哥蝴蝶鱼等。

濒危： 这意味着一种动物在野外面临着很高的灭绝风险。濒危动物包括非洲灰鹦鹉、刺山龟等。

易危： 这意味着一种动物在野外面临着较高的灭绝风险。易危动物包括小绒鸭、椰子蟹等。

伊比利亚北山羊

这种优雅的野山羊成群生活在欧洲山地中，但过度捕猎和栖息地的丧失导致其数量大幅减少。（欧洲）

大熊猫

它看起来像一个又大又萌的黑白色玩具，它与熊有一定的亲缘关系。栖息地面积缩减是大熊猫濒临灭绝的重要原因之一。（亚洲）

黑白疣猴

人们曾经猎杀这种猴子以获取它漂亮的黑白相间的皮毛，此外它生活的森林也被大量砍伐。（非洲）

尖尾兔袋鼠

这种小袋鼠曾经成群结队地在澳大利亚生活，但人类占据了它的栖息地，导致现在这种袋鼠只剩下了一小群。（大洋洲）

这只鹈（tí）鹕（hú）在被石油污染的海岸边获救，救援人员正在清理它的身体。

救助动物的人

世界各地的许多人都在尽其所能，帮助拯救濒临灭绝的动物。动物园过去只是将一群动物关在笼子里供人欣赏，但现在，饲养员们也试图让动物园里的动物保持好心情。许多动物分到了较大的居住地，让它们感觉这仿佛是它们在野外的家一样。动物园里还饲养了许多濒临灭绝的动物，从而使它们免于灭绝。

野生动物保护区和国家公园是动物、植物可以安全生活的区域，世界各地都有这样的保护区和国家公园。

试一试

在展现你对濒危动物的了解的同时享受乐趣。查阅书籍、杂志，找到你最喜欢的濒危动物的图片，然后使用纸、纽扣、纱线或其他材料来制作动物面具！

人们还以其他方式帮助动物。在许多国家，法律禁止狩猎或捕捉某些动物。当石油泄漏等危机发生而有动物处于危险之中时，人们会夜以继日地工作来救助它们。

这位动物园管理员正在投喂鸸 (ér) 鹋 (miáo)。动物园管理员是动物园里的工作人员，负责喂养和照顾动物。

和动物一起工作的人

兽医（上图）负责照料你家的宠物；动物学家（下图）有时会亲手喂养幼小的动物，比如这只小考拉。

你喜欢动物吗？社会上有各种各样的工作适合喜欢动物的人去做，这里列出了其中一些。

兽医负责让动物身体健康。城市里的兽医主要负责治疗宠物，给它们注射疫苗，让它们健康地生活；乡村里的兽医则负责照顾农场里的动物，如牛和马。

动物学家通过研究动物来了解它们如何生活、如何与人类和其他动物相处，以及它们如何与生态系统相互作用。动物学家可能会在实验室、动物园或博物馆工作，也可能在丛林中、海岛上的野生动物保护区工作。

博物学家通常通过仔细观察大自然来研究它。他们在乡间远足观鸟，或参观公园、博物馆和动物园。许多博物学家会做笔记，或者画下、拍摄他们所见到的一切。你不必等到成年就能成为博物学家，许多地区都有针对儿童的自然研究项目。

狩猎监督员和护林员帮助保护国家公园和动物保护区内的野生动物。他们营救因洪水或火灾而受困的动物，并监督人们遵守相关法规。

农民和牧民饲养的动物为世界各地的人提供食物。农民饲养的动物包括鸡、猪、奶牛和肉牛，牧民则在大型牧场里饲养羊和牛。

一些博物学家会去人迹罕至的地方观察动物。

试一试

以下是一些研究动物的人的自述和职业，你能够将他们说的话和职业匹配上吗?

1. 我研究化石，请问我是谁?
2. 我研究昆虫，请问我是谁?
3. 我研究动物和环境的关系，请问我是谁?
4. 我研究鱼类，请问我是谁?
5. 我研究海洋生物，请问我是谁?
6. 我研究哺乳动物，请问我是谁?

a. 海洋学家
b. 古生物学家
c. 哺乳动物学家
d. 昆虫学家
e. 鱼类学家
f. 生态学家

答案见第 187 页。

词汇表

B

变态

变态是一些动物在发育过程中经历的一系列显著变化。毛毛虫经过变态发育后会变成蝴蝶。

濒危动物

濒危动物是面临灭绝风险的动物。美洲鹤就是一种濒危动物。

博物学家

博物学家是研究大自然的人。博物学家通常会观察鸟类和其他动物。

捕食者

捕食者是捕食其他动物的动物。海豚、狮子和许多昆虫都是捕食者。

哺乳动物

哺乳动物是指幼崽在母体内发育直至出生,并以母乳为食的动物。狗、鲸鱼、蝙蝠和人类都是哺乳动物。

F

分解者

分解者是将动植物残体分解成微小养料的生物。这些养料滋养土壤并帮助植物生长。

浮游生物

浮游生物是一类漂浮在水中的生物。许多类型的水生动物都以浮游生物为食。

H

花粉

花粉是种子植物雄花花朵内的粉末。蜜蜂会采集花粉。

花蜜

花蜜是由花朵产生的有甜味的液体。一些昆虫会吃花蜜，蜜蜂会采集花蜜以制作蜂蜜。

J

脊椎动物

脊椎动物是有脊椎的动物。鱼类和鸟类都是脊椎动物。

节肢动物

节肢动物是有分节的附肢和外骨骼的动物。昆虫、蜘蛛和螃蟹都是节肢动物。

K

昆虫

昆虫是一类有6条腿、身体上有外骨骼的动物。蝴蝶、蜜蜂和蚂蚁都是昆虫。

L

冷血动物

冷血动物的体温会随着周围环境温度的变化而变化。蛇和蜥蜴是冷血动物。

两栖动物

两栖动物是一类幼年时生活在水中并用鳃呼吸，但成年后可以在陆地上生活的动物。蛙和蟾蜍都是两栖动物。

猎物

猎物是被捕食的动物。昆虫、鸟类和许多哺乳动物都是猎物。

M

灭绝

如果一种动物已经被全部消灭了，它就灭绝了。旅鸽和渡渡鸟已经灭绝。

N

鸟类

鸟类是温血动物，会产卵，有羽毛。麻雀就是一种鸟类。

P

爬行动物

爬行动物产带硬壳的卵，通常为冷血动物。蛇和蜥蜴是爬行动物。

Q

栖息地

我们所说的栖息地通常是指动物生活的地方，比如森林可能是鸟类和鹿的栖息地。

迁徙

迁徙是动物随着季节变化有规律地从一个地方移动到另一个地方的过程。

R

软体动物

软体动物是一类身体柔软、没有骨头的动物。许多软体动物都有坚硬的壳。蛤蜊和章鱼都是软体动物。

S

鳃

鳃是鱼类身体两侧用于呼吸的器官，它能从水中获取氧气，并让氧气进入鱼的血液中。鱼需要鳃才能呼吸。

生产者

在食物链中，生产者主要是利用阳光进行光合作用的植物。生产者被消费者食用。

食物链

食物链是植物、动物和微生物之间的一种链状食物关系。在同一生态系统中，可能有多条食物链。

W

温血动物

无论周围环境有多热或多冷，温血动物都能保持恒定的体温。哺乳动物是温血动物。

无脊椎动物

无脊椎动物是没有脊椎的动物。蠕虫就是一种无脊椎动物。

X

消费者

在食物链中，消费者是吃植物或其他动物的动物。

Y

鱼类

鱼类通常是冷血动物，它们生活在水中，有鳃。鲈鱼就是一种鱼类。

Z

蛛形纲动物

蛛形纲动物是一类没有触角或翅膀的动物，它们通常有4对分节的腿。蜘蛛、蝎子都是蛛形纲动物。

答案

第 14 页：

① f; ② e; ③ d; ④ c; ⑤ a; ⑥ b; ⑦ g。

第 22~23 页：

① b； ② f； ③ a; ④ c； ⑤ g； ⑥ d； ⑦ d； ⑧ e。

第 55 页：

① b； ② c； ③ a。

第 61 页：

① f； ② d； ③ a； ④ b； ⑤ e； ⑥ c。

第 87 页：

卵，蝌蚪，长出四肢的幼蛙，成蛙。

第 131 页：

① e； ② c； ③ a； ④ b； ⑤ d。

第 137 页：

① b； ② c； ③ a。

第 183 页：

① b； ② d； ③ f； ④ e； ⑤ a； ⑥ c。

互动小问答

你已经学到了很多关于动物的知识！花点时间回答这些问题来复习一下你所学的知识吧！

什么是动物?

1. 植物和动物都是生物，它们有哪些不同?
2. 动物和植物如何互相帮助?

遇见哺乳动物

3. 哺乳动物的身体都有哪些特征?
4. 唯一真正会飞的哺乳动物是什么?
5. 哪种哺乳动物是地球上最大的动物?

遇见鸟类

6. 鸟类与其他动物有何不同?
7. 这些水鸟在做什么?
8. 与大多数鸟类相比，企鹅使用翅膀的方式有何不同?

遇见爬行动物和两栖动物

9 两栖动物产下的卵与爬行动物产下的卵有何不同？

10 蛙的这个生长阶段叫什么？

遇见鱼类

11 鱼都有鳃，那么鳃有什么用处？

12 为什么有些鱼成群游动，形成鱼群？

13 鲨鱼的骨架与其他鱼类有何不同？

遇见无脊椎动物

14 所有无脊椎动物都缺乏什么？

15 生活在像书本一样可以开合的两瓣壳之间的软体动物叫什么？

遇见节肢动物

16 如何区分昆虫和蜘蛛？

17 蜜蜂是如何帮助开花植物的？

18 生活在海洋中的节肢动物有哪些？

濒危动物

19 人们如何了解恐龙等早已灭绝的动物？

20 哪些动物因为它们的毛皮或皮而被猎杀？

参考答案

1. 动物与植物有很多不同。动物无法自己制造食物，而大多数植物可以自己制造食物。动物会移动，而植物通常不会。动物会生孩子，并且成长方式也与植物不同。
2. 动物吸入空气，呼出二氧化碳。植物从空气中吸收二氧化碳，通过光合作用制造食物，并释放氧气。
3. 哺乳动物身上都有毛发，都保持恒定的温度。
4. 蝙蝠是唯一能飞的哺乳动物。
5. 蓝鲸。
6. 其他一些动物也会产卵和飞行，但只有鸟类有羽毛。
7. 为了获取食物，钻水鸭会将头埋在水下，而尾巴则直直地伸出水面。
8. 企鹅可以用翅膀游泳。
9. 爬行动物可以在陆地上产卵，因为它们的卵有硬壳。两栖动物产的卵很软，没有硬壳包裹，这些卵很容易变干，所以两栖动物必须把卵产在水中或潮湿的地方。

⑩ 蝌蚪。

⑪ 鱼用鳃呼吸，它们从水中获取氧气，然后氧气进入鱼的血液。

⑫ 鱼成群游动是为了安全。

⑬ 鲨鱼的骨架由坚韧且有弹性的软骨组成，而非硬骨。

⑭ 所有无脊椎动物都没有脊椎。

⑮ 这些软体动物被称为双壳类动物。

⑯ 昆虫是有6条腿的节肢动物，而蜘蛛是有8条腿的节肢动物。

⑰ 蜜蜂从花朵中采集花蜜，帮助花朵传播花粉。

⑱ 龙虾、虾、螃蟹和藤壶是生活在海洋中的节肢动物。

⑲ 通过研究化石，人们可以知道已经灭绝的动物长什么样。

⑳ 有些猎人会杀死老虎、豹子、鳄鱼和其他珍稀动物以获取它们的毛皮或皮。